东味 小菊老桩盆景

陈秀中 著

中国林业出版社
China Forestry Publishing House

图书在版编目（CIP）数据

京味小菊老桩盆景 / 陈秀中著 . —北京 : 中国林业出版社 , 2013. 9

ISBN 978-7-5038-7188-7

Ⅰ. ①京… Ⅱ. ①陈… Ⅲ. ①盆景 – 观赏园艺 Ⅳ. ① S688.1

中国版本图书馆 CIP 数据核字（2013）第 214825 号

出　　版：中国林业出版社（100009　北京市西城区德内大街刘海胡同 7 号）

网　　址：http ://lycb.forestry.gov.cn

E － mail：forestbook@163.com

发　　行：中国林业出版社

印　　刷：中科印刷有限公司

设计制作：北京大汉方圆文化发展中心

版　　次：2013 年 9 月第 1 版

印　　次：2013 年 9 月第 1 次

开　　本：889mm×1194mm　　1/16

印　　张：10.25

字　　数：150 千字

印　　数：1~2000 册

定　　价：49.00 元

作者简介

陈秀中，1955年生，安徽安庆人，北京市园林学校高级讲师，北京市中等职业学校市级骨干教师，首届中国职业院校教学名师，现任盆景课程主讲教师；北京市盆景协会常务理事兼副秘书长，北京盆景艺术大师，北京园林学会会员；长期从事盆景插花、园林艺术、园林美学、花文化的教学与科研工作。2007年参加在广东省中山市小榄镇举办的第九届中国菊花展览，布置北京小菊老桩盆景作品展台，荣获中国菊花展览（第九届）一金二银三铜的优异成绩。2008年创作大型山水壁挂式小菊老桩盆景《陶渊明笔意》，荣获北京市第二十九届菊花（市花）展览创新奖。2007~2010年主持研究北京市公园管理中心科研课题《京味小菊老桩盆景研究》，荣获2010年度北京市公园管理中心科技进步二等奖。2010年小菊盆景课题组制作的小菊老桩盆景还参加了第二届北京菊花文化节展览，荣获五个二等奖，向社会展示本科研课题组的研究成果和京味小菊老桩盆景迷人的艺术风采，为把北京小菊老桩盆景这支中国菊花艺术的奇葩打造成中国传统名花的特色品种，做出了不懈的努力。

京味 小菊老桩盆景

序

　　盆景是无声的诗，立体的画。陈毅元帅在 1959 年为盆景展览题词"高等艺术，美化自然"，精辟地为盆景定了位。

　　盆景起源于中国，有三千多年的历史，在我国南方，盆景发展很普遍，受到人们广泛的喜爱。在北京地区由于气候所限，莳养盆景需要一定条件，只有少数公园展示盆景。近几年居住条件的改善，反而减少了莳养盆景的环境条件，使人们接触盆景的机会更少了，盆景协会的会员在逐年减少。但是人们喜欢盆景的情感没有改变，北京市盆景协会小菊盆景专业委员会的会员在不断增加。

　　用小菊制作盆景虽然没有树桩盆景那样粗壮，有气势，但它生长快，成型周期短，体型小，占空间少，花型花色丰富，更能丰富表现人的思想、情趣，这些特点也能弥补人们对盆景的情感。

　　陈秀中老师在 2000 年接触北京小菊盆景后，就在教学中利用小菊盆景的栽培过程，引导学生进行盆景的制作实践；十几年来通过盆景教学实践，使学生对盆景艺术有了兴趣，并开始喜爱园林工作，使他们坚定了从事园林工作的信心，并在工作实践中取得了成绩。园林工作是综合艺术，表现在工作的多方面，又是高等艺术，因为它有生命，这就需要人们对它执着和付出劳动，

东味

小菊老桩盆景

需要一定的时间才能完善它的完美形象。盆景艺术教学首先要培养学生的兴趣，而陈秀中老师通过小菊盆景的教学实践，引导学生喜好盆景，这是他在盆景教学工作中的创新。

盆景艺术能吸引人们对植物的兴趣，但是一个学生在园林学校学习三四年，盆景课程仅有一个学期；一个树木盆景从加工制作到初步成型需要 5~10 年，学生无法在学校去实践树木盆景制作的全过程。只有小菊盆景能在五六个月的生长周期完成制作盆景的全过程，这就是园林专业学生学习盆景课程并在学校进行制作盆景实践的最好的植物材料。

陈秀中老师在教学实践中，对小菊盆景怎样培养成老桩盆景，提高小菊盆景的观赏效果，做了深入的研究和实践，对盆景教学和普及推广小菊老桩盆景，有实际的指导意义。一方面我们要培养更多园林学校的学生对园艺产生兴趣，一生从事园林工作，参与到有生命的高等艺术工作中来，这是当今社会的需要。另一方面现在我国已进入老年社会，让更多老年人能够在短短的五六个月中实践盆景艺术的全过程，丰富老年人的艺术生活是很有意义的，也是社会的需要。所以此书的出版对于北京地区小菊老桩盆景的教学和小菊盆景制作的普及，是很有实际意义与积极价值的。

于锡昭

2012 年 7 月

（编者注：于锡昭先生是中国盆景艺术大师、北京市盆景协会副理事长、京味小菊老桩盆景创始人）

目　录

京味　小菊老桩盆景

7

9

第一章 历史与特色

第一节　基本概念

一、定义与种类

　　小菊盆景是运用盆景艺术的手法，结合小菊栽培的特点，通过菊艺家精心的人工造型制作而成的园艺艺术品。小菊盆景是以小菊为主景材料制作的盆景，我们既可欣赏小菊老桩主干古朴苍劲的韵味，婀娜多姿的枝叶风采，更可欣赏其花色艳丽，花姿秀美，以达到色香韵姿全方位的审美享受（图 1-1~ 图 1-4 ）。

　　小菊盆景的种类分为原本菊与嫁接菊两种。原本菊由母株剪取脚芽扦插培育而成；嫁接菊则以青蒿或黄蒿为砧木，以小菊顶芽为接穗嫁接培育而成。本书将重点介绍原本菊小菊盆景。

▼ 图 1-1

图 1-1

　　北京的小菊盆景又叫"京味小菊老桩盆景"，是典型的原本菊小菊盆景。图 1-1 是一株两年生的原本菊小菊盆景，是北京盆景协会小菊盆景专业委员会会员左鹏的作品《对松畅饮》。北京小菊盆景艺术风格的最突出特点就是：主干粗壮、霜皮古朴老辣，中国盆景艺术大师于锡昭先生运用独特的栽培技法，取得了原本菊盆景小菊由传统的宿根花卉作一年生栽培向多年生树木型栽培的重大突破。

3

图 1-2

图 1-2《太液秋风》是北京盆景协会小菊盆景专业委员会会员陈秀中的作品，其主景是一株五六年生的小菊老桩，粗壮的主干已经明显木质化，特别是在主干顶端的一段神枝，为了刻画其木本老干的神韵，笔者还在造型过程中有意运用钩刀雕刻加工了这段精彩的神枝，以突出其老、辣的特色！《太液秋风》荣获第九届中国（2007中山小榄）菊花展览菊花盆景金奖。

▲ 图 1-2

▼ 图 1-4

▲ 图 1-3

图 1-3、图 1-4　广东省中山市小榄镇的小菊盆景

广东中山小榄镇的小菊盆景是典型的嫁接菊小菊盆景，小菊通过嫁接砧木，可以长得很高，让它附生在主干的柏树枯木桩上，可以做出大型的附木式嫁接菊小菊盆景，很有气魄。

二、历史

　　我国传统的菊花盆景有着悠久的历史，如清代嘉庆年间出版的盆景专著《盆景偶录》详细记录了我国明清时期的主要盆景植物，其中"花草四雅"指兰花、菊花、水仙、菖蒲。据史料记载，明清两代北京养菊蔚然成风，宫廷门第，民间街巷，每年皆举办"菊花会""赛菊会"等不同形式、不同规模的赏菊活动，这种传统习俗一直沿传至今。现在，北京不仅历年举办全市性菊花展览，各区县各公园每年也都有展出，民间菊艺的交流活动十分盛行。

　　北京的小菊盆景最早出现于1963年北京市园林局在北海公园举办的第六届菊花展览会上，中山公园等单位用小菊制作了小菊盆景。当时的制作技术还不完善，解决不了小菊越冬成活的关键性技术，因此，当时的小菊盆景只能做为一二年生栽培，使其观赏价值大打折扣（图1-5）。

　　20世纪70年代，于锡昭先生多次在日坛公园举办菊展，此时期他已筛选培育出了2~5年生的小菊盆景品种；发展到80年代，小菊老本多年存活的小菊盆景在第一届（1982年）、第二届（1985年）全国菊展两度夺魁，产生了积极的影响；1999年昆明世界园艺博览会上于锡昭的

▼ 图 1-5

图 1-5

　　20世纪60年代，北京的原本菊小菊盆景尚不能做多年生栽培，当年生的小菊盆景主干纤细单薄，没有盆景的韵味。

▲ 图 1-6

图 1-6

　　《菊簪凤》是中国盆景艺术大师于锡昭先生的代表作。《菊簪凤》以多年生小菊为盆景材料，苍劲古朴的根干与繁茂清香的花冠互为映衬、相得益彰，嶙峋苍古的菊根盘抓着山石，丰满的黄色花冠宛若展翅的金凤，极具观赏价值。《菊簪凤》的成功告诉人们：多年栽培的原本小菊完全可以担当盆景中的主角，以苍古大树的形象屹立在盆景世界，开创了京味小菊老桩盆景的新天地。

小菊盆景荣获金奖；2000 年 11 月于锡昭小菊盆景个人展览在北京市中山公园蕙芳园成功举办，进一步标志北京小菊盆景走向成熟（图 1-6）。此时期于锡昭先生已筛选培育出了主干老本存活 10 年以上的小菊盆景品种。

🌼 第二节　特色与优势

　　小菊盆景不同于传统的木本树桩盆景，其最大优势是成型快、成本低，其缺点则是不能长久保留原树造型，不像长寿的松柏类树桩盆景可以存活几十年、甚至几百年。有人因此否定小菊盆景的价值。其实我国传统的菊花盆景与插花都有着悠久的历史，如我国清代嘉庆年间出版的盆景专著《盆景偶录》详细记录了我国明清时期的主要盆景植物，其中"花草四雅"指兰花、菊花、水仙、菖蒲。再看看我们的邻国日本，作者在 2006 年 11 月随中国菊花代表团赴日本考察日本菊花，发现在日本的菊花展览会上，小菊盆景已经成为一种固定的展示方式，在日本大阪著名菊园——国华园举办的日本菊花全国大会上（相当于我国的全国菊花展览）主要的菊花展示方式有三种：大菊十二钵花坛、特作花坛（悬崖菊造型）、盆栽花坛（小菊盆景造型）（图 1-7~ 图 1-9 ）。

图 1-7、图 1-8、图 1-9 是作者 2006 年在日本菊花全国大会上拍摄的一组小菊盆景

　　更有说服力的事实是：北京市盆景协会小菊盆景专业委员会成立 10 年来，小菊盆景爱好者的队伍不断扩大，历年参展作品的水平逐步提高，小菊盆景艺术深受京城百姓的喜爱，具有较强的艺术生命力。可见在我国，小菊盆景这种花草类的特殊盆景样式不但不应该排斥，反而应该将这种具有悠久历史传统的、深受平民百姓欢迎的盆景样式发扬光大、推陈出新。

▼ 图 1-8

▲ 图 1-9

北京小菊盆景的特色与优势主要有：

（1）取材易，利环保。小菊是北京的乡土植物，取材和扦插繁殖非常容易，生命力极强，对栽培环境要求不高，体量不大，造型雅，易养活，成本低，非常适合于北京地区阳台露天培养，完全避免了一般树桩盆景上山挖桩、破坏生态环境、毁坏种质资源的负面效应。更重要的是盆景小菊繁殖容易、价格便宜，一般平民百姓经济上能够接受。

（2）成型快，周期短。小菊盆景从扦插到成型仅仅需要5~6个月的时间，在造型技法上变化多样，直干、斜干、曲干、卧干、悬崖、连根、丛林、水旱、附石、附木、水培等应有尽有，每年还可以变换造型样式，最能适应现代人快节奏的生活，尤其适合于老年朋友莳养。

▲ 图 1-10

图 1-10

《菊林八骏》是于锡昭先生的水旱式小菊盆景代表作。构图上如同一幅淡雅清香的横幅卷轴山水国画，与赵庆泉的《八骏图》相比又多了些秋天的色彩与气息。该作品说明小菊完全可以运用在水旱式盆景当中，自然起伏的菊花树冠颇有几分天然林冠线的神韵。

东珠

小菊老桩盆景

（3）品种多，韵味足。菊花的色彩和花型是花卉中变化最丰富的，目前，北京可以用做小菊盆景的菊花品种有100余个，在制作小菊盆景的过程中，不局限于菊花的传统概念，可根据小菊的不同花色和花型，用以表现风、花、雪、月、松、柏、梅等不同主题和意境，能满足不同品味的人们的审美情趣，雅俗共赏，其乐无穷。特别是菊花为中华传统名花，文化底蕴深厚，"花中四君子"形象深入民心，小菊盆景艺术完全可以创造出意境深远、耐人寻味的高雅作品（图 1–10）。

本章复习思考题

1. 小菊盆景的定义。
2. 小菊盆景可以分为几大类?
3. 简述北京小菊盆景的特色与优势主要有那些?

本章实操训练作业

1. 参观菊展，直观了解小菊盆景的艺术特色；写下参观体会。

东味 小菊老桩盆景

第二章 品种与育苗

第一节 品种选育

一、小菊盆景优良品种评价指标

国内外小菊的品种很多，但大多用于地被菊、盆栽菊、茶用菊等方面，真正用于盆景菊的选种育种科研项目很少，作者 2007~2010 年主持研究了北京市公园管理中心科研课题《京味小菊老桩盆景研究》，获得了 2010 年度北京市公园管理中心科技进步二等奖。在研究过程中，我们从北京、外省市以及日本搜集了大量盆景菊品种，筛选并杂交培育出了 10 余个比较理想的用于制作原本菊小菊盆景的盆景菊新品种。

为了从我们搜集的大量盆景菊品种里筛选出理想的用于制作原本菊小菊盆景的优良小菊品种，我们根据京味小菊老桩盆景在造型、观赏、种植养护等方面的具体要求，制定了"小菊盆景优良品种评价指标"，文字描述如下：

本科研课题针对北京小菊老桩盆景特殊要求以及市场需求，筛选培育盛花期在 10 月 11 月份开花，特别是盛花期在传统重阳节开花的京味小菊盆景新优品种（重点为纽扣型）8~10 个。品种要求：花径 2.5cm 左右，花心大，花型好，花色淡雅明快；花柄短、节间短，株型紧凑，观赏效果好；主干粗壮、姿态挺拔、主干直径生长速度快，能够快速成型，小菊老桩主干能够成活多年；提根后根系发达，根盘造型丰满；枝干柔韧、耐剪耐扎、叶型小巧、枝条易出层片；株高 10~50cm，能够适应不同规格盆景要求，少病虫害、管理简便、适合于制作京味小菊老桩盆景的小菊盆景新优品种。

二、京味小菊老桩盆景优良品种评价指标量化体系

运用上述"小菊盆景优良品种评价指标"，我们对搜集来的大量盆景菊品种进行了筛选，初步筛选出有价值的盆景菊品种 70 余个。在筛选的过程中，我们发现必须有具体的量化评价指标才能使筛选更为准确、科学与合理。通过连续两年对现有 70 余个北

京盆景小菊品种的生物学性状的细致记录观察，针对京味小菊老桩盆景在造型、观赏、种植养护等方面对品种特性的具体要求，我们制定了 5 项一级评价指标和 11 项二级具体评价指标，并对其进行量化，采用分项分等级打分而计算其总分的方法，来对北京小菊老桩盆景的品种性状进行量化评价，从现有的 70 余个品种中进行筛选，评分在 85 分以上（优）的品种有 15 个，评分在 84~75 分之间（良）的品种有 41 个，评分在 74~60 分之间（中）的品种有 17 个，评分在 60 分以下（差）的品种有 1 个。

"京味小菊老桩盆景品种评价指标量化体系"总体构思见表 2-1：

表 2-1　京味小菊老桩盆景品种评价指标量化体系总体构思

一级指标（分值）	二级指标（分值）	等级			
		好	一般	差	（分值）
花部形态（36）	花序直径小（9）	9	6	3	
	花心大（9）	9	6	3	
	花型好（8）	8	5	3	
	色彩淡雅（10）	10	6	3	
主干造型（28）	主干粗（10）	10	6	3	
	枝干柔韧度强（8）	8	5	3	
	主干存活率高（10）	10	6	3	
枝叶形态（16）	叶型小巧（8）	8	5	3	
	节间短（8）	8	5	3	
根盘造型（10）	根盘发达（10）	10	6	3	
生长势及抗性（10）	生长势好（10）	10	6	3	

"京味小菊老桩盆景优良品种评价指标量化体系"主要从以下六大方面进行具体描述。

1. 花部形态指标的量化评分

小菊盆景造型对于花型的要求不同于盆花，花朵不在多，关键要有韵味、小巧玲珑、姿韵可人。盆景小菊选种要求"重点为纽扣型小菊"，所谓纽扣菊就是指花序直径小（花序直径在 2.5cm 左右），花心大而花瓣短（花瓣可以单瓣，也可以重瓣），花心最好为蜂窝状或托桂状，也可以是一般花心。

上述"花部形态指标"在"2008 年北京盆景小菊老桩品种评价指标体系量化评分表"中又进一步细化为以下四项具体指标：

（1）花序直径大小：花序直径在 2.5cm 内，9 分；花序直径在 2.5~3cm 内（不含 2.5cm），6 分；花序直径在 3~5cm 内（不含 3cm），3 分。

（2）花心大小：花心大（花心直径大于或等于 2 倍外层花瓣长度）（蓟瓣也属于花心大），9 分；花心一般（花心直径小于 2 倍外层花瓣长度），6 分；花心小（花心不明显），3 分。

（3）花型：花型奇特，为蜂窝型、蓟瓣型、针管型、管匙型，8 分；花型为纽扣，花心大，花瓣短，5 分；花型一般，花心小，花瓣长，3 分。

（4）色彩：色彩淡雅、明快，10 分；色彩一般、不明快，6 分；色彩暗淡、发旧，3 分。

2. 主干造型指标的量化评分

北京小菊盆景艺术风格的最突出特点就是主干粗壮、霜皮古朴老辣，于锡昭先生运用独特的栽培技法，取得了盆景小菊由传统的宿根花卉作一年生栽培向多年生树木型栽培的重大突破。要求在造型上要选育出主干粗壮、主干直径生长速度快、姿态挺拔、枝干柔韧度强的品种，以及筛选多年生老干不死的小菊老桩品种。

上述"主干造型指标"在"2008 年北京盆景小菊老桩品种评价指标体系量化评分表"中又进一步细化为以下三项具体指标：

（1）主干直径：一年生小菊主干直径（直径测量在地面以上 4cm 处）在 0.8cm 以上，10 分；一年生小菊主干直径在 0.5~0.79cm 以内，6 分；一年生小菊主干直径在 0.49cm 以下，3 分。

（2）枝干柔韧度：枝干柔韧度强，8 分；枝干柔韧度一般，5 分；枝干柔韧度差，易断，3 分。

（3）多年生主干存活率：一年生小菊过冬主干存活率在 60% 以上，10 分；一年生小菊过冬主干存活率在 30%~59% 以内，6 分；一年生小菊过冬主干存活率在 29% 以下，3 分。

3. 枝叶形态指标的量化评分

要求品种要叶型小巧、节间短、花柄短、耐剪耐扎、枝条易出层片。这是因为小菊盆景的造型要求不同于盆花造型，花朵不在多，关键要有韵味与姿态。小菊盆景的姿态除了要靠小巧玲珑、姿韵可人的花朵来表现之外，更重要的是靠小菊枝干与层片的线条美来体现，苍劲老辣的主干再配以潇洒流畅的枝条，整株菊树枝干与层片巧妙得体的章法布局往往能令欣赏者百看不厌、回味无穷；这是普通的小菊盆花所无法比拟的，也正是小菊盆景的艺术魅力之所在。

上述"枝叶形态指标"在"2008年北京盆景小菊老桩品种评价指标体系量化评分表"中细化、量化为以下两项具体指标：

（1）叶型大小：叶长度在2.5cm内，8分；叶长度在2.5~3.5cm（不含2.5cm），5分；叶长度在3.5cm以上（不含3.5cm），3分。

（2）节间长度：节间长度在1cm内，8分；节间长度在1~1.5cm（不含1cm），5分；节间长度在1.5cm以上（不含1.5cm），3分。

4. 根盘造型指标的量化评分

提根栽培技法和剔除脚芽的栽培技术保证了小菊老桩主干能够成活多年，同时也塑造出了北京小菊老桩盆景悬根露爪、嶙峋苍古的艺术特色，本课题特别重视小菊老桩根盘的塑造，要求小菊老桩其根盘悬根露爪、抓地有力，饱满传神地表现出小菊老桩顽强的生命力。

上述"根盘造型指标"在"2008年北京盆景小菊老桩品种评价指标体系量化评分表"中确定了以下一项具体指标：

提根后根盘造型发达程度：提根后根盘造型发达，10分；提根后根盘造型一般，6分；提根后根盘造型差，3分。

5. 抗性培育指标的量化评分

要求选育出适宜于阳台养护、生命力强盛、无病虫害、管理粗放的盆景小菊新优品种。考虑到盆景小菊的栽培环境主要是居民阳台的露天空间，因此，小菊品种一定要生命力强盛、无病虫害，适宜于粗放管理，这样的盆景小菊品种才是京城百姓喜闻乐见的。

上述"抗性培育指标"在"2008 年北京盆景小菊老桩品种评价指标体系量化评分表"中确定了以下一项具体指标：

生长势及抗性：生长势好，10 分；生长势一般，6 分；生长势差，3 分。

6. 株型株高选择指标的量化评分

要求选育出在株型上包括可用于制作微型、中小型、大型盆景的不同规格的盆景小菊品种。在"2008 年北京盆景小菊老桩品种评价体系的量化评分"中首先将盆景小菊品种分出四种规格类型，即微型（株高在 15cm 以下）；中小型（株高在 16~40cm 之间）；大型（株高在 41cm 以上）；藤本型（主干不粗壮，但主干擅长附干缠绕生长）四个类型。然后再按照制定的 11 项具体量化指标，采用分项分等级打分而计算其总分的方法，来对北京小菊老桩盆景的已有品种进行量化评价。在 2008 年的盆景小菊品种中，获中小型品种 46 个、大型品种 13 个、藤本型品种 4 个。

最后将各性状量化评分情况总结见表 2-2。

表 2-2　京味小菊老桩盆景优良品种评价指标体系的量化评分表

评价指标	分项评价指标	分值
花径大小	花序直径在 2.5cm 内	9
	花序直径在 2.5~3cm 内（不含 2.5cm）	6
	花序直径在 3~5cm 内（不含 3cm）	3
花心大小	花心大（花心直径大于或等于 2 倍外层花瓣长度）（蓟瓣也属于花心大）	9
	花心一般（花心直径小于 2 倍外层花瓣长度）	6
	花心小（花心不明显）	3
花型	花型奇特，为蜂窝型、蓟瓣型、针管型、管匙型	8
	花型为纽扣，花心大，花瓣短	5
	花型一般，花心小，花瓣长	3
色彩	色彩淡雅、明快	10
	色彩一般、不明快	6
	色彩暗淡、发旧	3

评价指标	分项评价指标	分值
主干直径	一年生小菊主干直径在 0.8cm 以上	10
	一年生小菊主干直径在 0.5~0.79cm 以内	6
	一年生小菊主干直径在 0.49cm 以下	3
枝干柔韧度	枝干柔韧度强	8
	枝干柔韧度一般	5
	枝干柔韧度差，易断	3
多年生主干存活率	一年生小菊过冬主干存活率在 60% 以上	10
	一年生小菊过冬主干存活率在 30%~59% 以内	6
	一年生小菊过冬主干存活率在 29% 以下	3
叶形	叶长度在 2.5cm 内	8
	叶长度在 2.5~3.5cm 内（不含 2.5cm）	5
	叶长度在 3.5cm 以上（不含 3.5cm）	3
节间长度	节间长度在 1cm 内	8
	节间长度在 1~1.5cm 内（不含 1cm）	5
	节间长度在 1.5cm 以上（不含 1.5cm）	3
根盘造型	提根后根盘造型发达	10
	提根后根盘造型一般	6
	提根后根盘造型差	3
生长势及抗性	生长势好	10
	生长势一般	6
	生长势差	3

第二节　京味小菊老桩盆景优良品种简介

一、06-10-16-11（参见图2-1、图2-2）

盛开时花瓣为明黄色。

花心直径 0.87cm，黄色。

花径 1.6cm，2 层重瓣。

花柄长度 2cm，节间 0.4cm。

着花数量多，株型较为丰满。

叶色深绿，叶长 1.4cm，叶宽 0.8cm。叶子小，自然成枝片。

▲ 图2-1

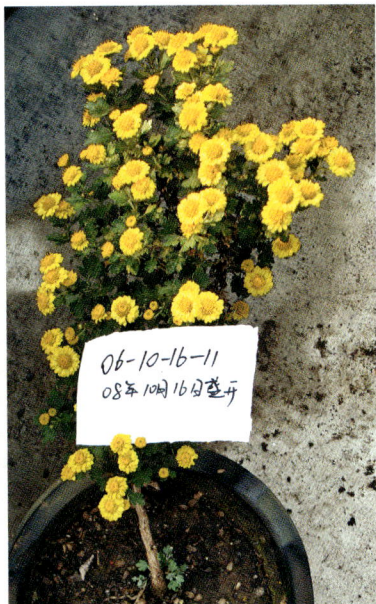

▶ 图2-2

株高 42cm，冠幅为 30/14cm，一年生茎粗 1.07cm；适合于制作中小型盆景。

提根后根系发达程度好，脚芽少；枝干柔韧度强。

从一年生到二年生过渡主干存活率为 100%。

该品种花期从 10 月 16 日至 11 月 3 日，花期约 20 天。特别适合重阳节期间的花展。

该品种量化评分成绩为 97 分。拟命名为"京味小菊老桩盆景 2 号——黄龙腾跃"。
针对京味老桩盆景小菊的要求对该品种性状进行列表描述见表 2-3。

表 2-3　06-10-16-11 品种描述

名称	06-10-16-11		拟命名		黄龙腾跃		
植株高度	42cm	着花数量	多	脚芽量	少	量化评分	97
外层花瓣层数	2 层	外层瓣长	0.3cm	老干存活率		100%	
花型		纽扣	花期	10 月 16 日~11 月 3 日			
花序直径	1.6cm	花色	明黄色	花心直径	0.87cm	花心颜色	黄色
花柄长度	2cm	节间距	0.4cm	冠幅	30/14cm		
叶色	深绿	叶长	1.4cm	叶宽	0.8cm	一年生茎粗	1.07cm
提根后根系发达情况	发达	枝干柔韧度		强			

二、06-10-16-21（参见图 2-3、图 2-4）

盛开时花瓣为乳白色。

花心直径 0.45cm，黄色，呈蜂窝状。

花径 1.4cm，多层重瓣。

花柄长度 1.2cm，节间 0.4cm。

着花数量多，层片感强，适宜于小菊盆景的枝片造型。

叶色深绿，叶长 2.06cm，叶宽 1.74cm。叶子小，自然成枝片。

株高 48cm，冠幅为 38/34cm，一年生茎粗 1.07cm；适合于制作中型盆景。

提根后根系发达程度好，脚芽少；枝干柔韧度极强。

▲ 图 2-3

▶ 图 2-4

从一年生到二年生过渡主干存活率为 75%。

该品种花期从 10 月 9 日至 11 月 3 日，花期 25 天。特别适合重阳节期间的花展。

该品种量化评分成绩为 88 分。拟命名为"京味小菊老桩盆景 3 号——奶油小生"。

针对京味老桩盆景小菊的要求对该品种性状进行列表描述见表 2-4。

表 2-4　06-10-16-21 品种描述

名称	06-10-16-21	拟命名	奶油小生		
植株高度	48cm	着花数量	多	脚芽量	少	量化评分	88
外层花瓣层数	多层	外层瓣长	0.35	老干存活率		75%
花型	蜂窝状	花期	10 月 9 日~11 月 3 日		
花序直径	1.4cm	花色		花心直径	0.45cm	花心颜色	黄色
花柄长度	1.2cm	节间距	0.4cm	冠幅	38/34cm		
叶色	深绿	叶长	2.06cm	叶宽	1.74cm	一年生茎粗	1.07c
提根后根系发达情况	发达	枝干柔韧度	极强		

三、06-10-16-4（参见图 2-5、图 2-6）

盛开时花瓣为粉色，开花味香。

花心直径 0.8cm，黄色。

花径 1.8cm，二层重瓣。

花柄长度 1.9cm，节间 0.4cm。

着花数量较多，株型较为丰满，层片感强，适宜于小菊盆景的枝片造型。

叶色浅绿，叶色有白蒿银色痕迹，叶长 3.8cm，叶宽 2.6cm。

株高 32cm，冠幅为 27/25cm，一年生茎粗 1.06cm；适合于制作中小型盆景。

提根后根系发达程度好，脚芽少；枝干柔韧度极强。

从一年生到二年生过渡主干存活率为 98%。

花期从 10 月 16 日至 11 月 3 日，花期 20 天。特别适合重阳节期间的花展。

该品种量化评分成绩为 87 分。拟命名为"京味小菊老桩盆景 4 号——广阳少女"。

▲ 图 2-5

▶ 图 2-6

京味 小菊老桩盆景

针对京味老桩盆景小菊的要求对该品种性状进行列表描述见表2-5。

表2-5　06-10-16-4品种描述

名称	06-10-16-4	拟命名		广阳少女			
植株高度	32cm	着花数量	较多	脚芽量	少	量化评分	87
外层花瓣层数		2层	外层瓣长	0.45cm	老干存活率		98%
花型		纽扣	花期	10月16日~11月3日			
花序直径	1.8cm	花色	粉色	花心直径	0.8cm	花心颜色	黄色
花柄长度	1.9cm	节间距	0.4cm	冠幅	27/25cm		
叶色	浅绿	叶长	3.8cm	叶宽	2.6cm	一年生茎粗	1.06cm
提根后根系发达情况		发达	枝干柔韧度	极强			

四、08-10-20-1（参见图2-7、图2-8）

盛开时花瓣为明黄色。

花心直径0.8cm，黄色。

花径2.3cm，二层重瓣。

花柄长度2.3cm，节间1cm。

着花数量多，层片感强，适宜于小菊盆景的枝片造型。

叶色深绿，叶长3cm，叶宽2.3cm。

株高35cm，冠幅为26/30cm，一年生茎粗0.8cm；适合于制作中小型盆景。

提根后根系发达程度极好，脚芽少；枝干柔韧度极强。

从一年生到二年生过渡主干存活率为100%。

该品种花期从10月23日至11月9日，花期20天。特别适合重阳节期间的花展。

该品种量化评分成绩为91分。拟命名为"京味小菊老桩盆景6号——重九金蝉"。

▲ 图 2-8

◀ 图 2-7

针对京味老桩盆景小菊的要求对该品种性状进行列表描述见表 2-6。

表 2-6　08-10-20-1 品种描述

名称	08-10-20-1	拟命名		重九金蝉			
植株高度	35cm	着花数量	多	脚芽量	少	量化评分	91
外层花瓣层数		2层	外层瓣长	0.8cm	老干存活率		100%
花型		纽扣	花期	10月23日~11月9日			
花序直径	2.3cm	花色	明黄色	花心直径	0.8cm	花心颜色	黄色
花柄长度	2.3c	节间距	1cm	冠幅	26/30cm		
叶色	深绿	叶长	3cm	叶宽	2.3cm	一年生茎粗	0.8cm
提根后根系发达情况		极发达	枝干柔韧度	强			

五、06-10-30-6（参见图2-9、图2-10）

盛开时花瓣为明黄色，花朵形状似金色小太阳，花型极漂亮。

花心直径2cm，黄色，呈蜂窝状。

花径2.7cm，2层重瓣。

花柄长度3cm，节间1.7cm。

着花数量一般。

叶色浅绿，叶长3.5cm，叶宽2.8cm。

株高45cm，冠幅为37/30cm，一年生茎粗0.98cm。

提根后根系发达程度一般，脚芽多；枝干柔韧度强。适合于制作中型盆景。

从一年生到二年生过渡主干存活率为61%。

花期从10月27日至11月17日，花期20天。特别适合正常菊展期间的展览。

该品种量化评分成绩为86分。拟命名为"京味小菊老桩盆景7号——燕山落照"。

◀ 图2-9

▲ 图2-10

针对京味老桩盆景小菊的要求对该品种性状进行列表描述见表 2-7。

表 2-7　06-10-30-6 品种描述

名称	06-10-30-6		拟命名		燕山落照		
植株高度	45cm	着花数量	一般	脚芽量	多	量化评分	86
外层花瓣层数		2 层	外层瓣长	0.6cm	老干存活率		61%
花型		蜂窝状	花期		10 月 27 日～11 月 17 日		
花序直径	2.7cm	花色	明黄色	花心直径	2cm	花心颜色	黄色
花柄长度	3cm	节间距	1.7cm	冠幅		37/30cm	
叶色	浅绿	叶长	3.5cm	叶宽	2.8cm	一年生茎粗	0.98cm
提根后根系发达情况		一般	枝干柔韧度			强	

六、山东黄扣（参见图 2-11、图 2-12）

盛开时花瓣为黄色。

花心直径 1.7cm，黄色，呈蜂窝状。

花径 2.5cm，2 层花瓣。

花柄长度 2.5cm，节间 0.6cm。

着花数量中等。

叶色绿，叶长 3.2cm，叶宽 2.5cm。

株高 35cm，冠幅为 40/38cm，一年生茎粗 1.8cm。

提根后根系发达程度极好，脚芽少；枝干柔韧度强。适合于制作微型盆景。

主干分枝点很低，一般分出三个分枝；可以直接用修剪使主干折曲。

从一年生到二年生过渡主干存活率为 97%。

花期从 11 月 3 日至 11 月 25 日，花期 20 天。特别适合正常菊展期间的展览。

该品种量化评分成绩为 97 分。拟命名为"京味小菊老桩盆景 8 号——虎卧长阳"。

▲ 图 2-11

▲ 图 2-12

针对京味老桩盆景小菊的要求对该品种性状进行列表描述见表2-8。

表 2-8 山东黄扣品种描述

名称	山东黄扣	拟命名	虎卧长阳			
植株高度	35cm	着花数量	中等	脚芽量	少	量化评分	97
外层花瓣层数		2层	外层瓣长	0.6cm	老干存活率		97%
花型		蜂窝状	花期	11月3日~11月25日			
花序直径	2.5cm	花色	黄色	花心直径	1.7cm	花心颜色	黄色
花柄长度	2.5cm	节间距	0.6cm	冠幅	40/38cm		
叶色	绿	叶长	3.2cm	叶宽	2.5cm	一年生茎粗	1.8cm
提根后根系发达情况	极发达	枝干柔韧度	强			

七、靖口の富士（参见图 2-13、图 2-14 ）

盛开时花瓣为白色。

花心直径 1.8cm，浅黄色，呈蜂窝状。

花径 2.3cm，单层花瓣。

花柄长度 2.74cm，节间 1cm。

着花数量多。

叶色绿，叶长 3.3cm，叶宽 2.5cm。

株高 32cm，冠幅为 40/33cm，一年生茎粗 1.4cm，适合于制作中小型盆景。

提根后根系发达程度较差，脚芽少；枝干柔韧度强。

主干粗壮，能自然成小弯；分枝枝条较粗。

从一年生到二年生过渡主干存活率为 91%。

花期从 10 月 23 日~11 月 6 日，花期 15 天。特别适合正常菊展期间的展览。

该品种量化评分成绩为 86 分。拟命名为"京味小菊老桩盆景 9 号——富士雪山"。

▲ 图 2-13

▲ 图 2-14

针对京味老桩盆景小菊的要求对该品种性状进行列表描述见表2-9。

表2-9　靖口の富士品种描述

名称	靖口の富士		拟命名	富士雪山			
植株高度	32cm	着花数量	多	脚芽量	少	量化评分	86
外层花瓣层数		单层	外层瓣长	0.55cm	老干存活率		91%
花型		蜂窝状	花期	10月23日~11月6日			
花序直径	2.3cm	花色	白色	花心直径	1.8cm	花心颜色	浅黄色
花柄长度	2.74cm	节间距	1cm	冠幅	40/33cm		
叶色	绿	叶长	3.3cm	叶宽	2.5cm	一年生茎粗	1.4cm
提根后根系发达情况		较差	枝干柔韧度	强			

八、多摩の景勝（参见图2-15、图2-16）

盛开时花瓣为黄色。

花心直径1.3cm，黄色，花心突起，呈蜂窝状，是标准的纽扣菊。

花径2.2cm，2层花瓣。

花柄长度2cm，节间2cm。

着花数量多。

叶色深绿，叶长2.6cm，叶宽1.8cm。

株高38cm，冠幅为33/25cm，一年生茎粗1.3cm；适合于制作中小型盆景。

提根后根系发达程度好，脚芽少；枝干柔韧度差，易断。

从一年生到二年生过渡主干存活率为50%。

花期从10月27日~11月25日，花期20天。特别适合正常菊展期间的展览。

该品种量化评分成绩为86分。拟命名为"京味小菊老桩盆景11号——金蜂托桂"。

▲ 图 2-15

▶ 图 2-16

针对京味老桩盆景小菊的要求对该品种性状进行列表描述见表 2-10。

表 2-10　多摩の景勝品种描述

名称	多摩の景勝		拟命名	金蜂托桂			
植株高度	38cm	着花数量	多	脚芽量	少	量化评分	86
外层花瓣层数	2层	外层瓣长	0.5cm	老干存活率		50%	
花型	蜂窝状	花期	10月27日~11月25日				
花序直径	2.2cm	花色	黄色	花心直径	1.3cm	花心颜色	黄色
花柄长度	2cm	节间距	2cm	冠幅	33/25cm		
叶色	深绿	叶长	2.6cm	叶宽	1.8cm	一年生茎粗	1.3cm
提根后根系发达情况	发达	枝干柔韧度	差				

第三节　杂交育种

我们可以采用人工授粉杂交与实生苗选种相结合的方法来选育用于制作原本菊小菊盆景的盆景菊新品种。具体步骤是：

（1）选择亲本——利用手头已经筛选出的盆景小菊优良品种，针对这些小菊优良品种各自拥有的性状优势，进行人工授粉杂交育种。选择亲本对象，哪个小菊品种做母本，哪个小菊品种做父本，事先应该做出方案。

（2）人工授粉杂交——人工授粉杂交在小菊自然花期 10~11 月露地进行。杂交前将选择好的亲本在花始开前进行套袋，以防止其它花粉的干扰。授粉时选择无风的晴天，上午 9:00~12:00，用毛笔蘸取父本花粉轻涂于母本柱头上。每隔 2~3 天授粉一次，重复授粉 1~3 次，每次授完粉后注意套袋，并挂好亲本品种标签，记录下母本、父本品种名称和授粉日期。一般授粉后 5 天即可观察到柱头褐化，表明已完成授粉受精，此时可去掉套袋，以利于结实。

也可采用天然授粉杂交的方式，在小菊自然花期 10~11 月露地设立网帐，将拥有的性状优势的盆景小菊优良品种做为亲本对象放在网帐里，网帐内放置几个蜜蜂蜂箱，利用蜜蜂采集小菊花粉进行盆景小菊优良品种之间的天然授粉杂交。

（3）实生苗选种——将人工授粉杂交或天然授粉杂交后在母本植株上结实的种子，进行盆播播种，获取的杂交实生苗再按照"京味小菊老桩盆景优良品种评价指标量化体系"进行筛选。

第四节　小菊老干的多年生机理研究

老桩的培养是小菊盆景制作的关键。作为宿根花卉的小菊，当年生主干在新一轮脚芽萌发时就会死去，但盆景制作需要小菊有多年生的粗壮主干老桩。摸索出小菊老干多年生的机理对于小菊老桩盆景的研究是一个工作重点。

主干多年生的北京小菊盆景老桩是于锡昭先生几十年来坚持不懈地杂交育种、栽培筛选的成果。作者在与于大师多年的科研合作、学习观察之中，发现于先生每年 10 月底至 11 月初都要将盛花期的北京小菊盆景老桩当家品种与原产于我国东南地区的芙蓉菊放在一起，这十余株老干嶙峋的芙蓉菊也正在盛开，蜜蜂飞舞正在充当菊花天然杂交的辛勤工作者。据于先生介绍，他从 20 世纪 70 年代就开始利用北京乡土特产的悬崖菊品种及北京小菊品种同我国东南地区特产的芙蓉菊进行天然杂交，通过种子实生苗进行选种。

芙蓉菊 Crossostephium chinense（Linn.）Makino，又称白香菊、白艾、海芙蓉、玉芙蓉，产于我国中南及东南部（广东、台湾）。芙蓉菊为菊科常绿亚灌木，高 30~90cm，直立，多分枝。叶互生，质柔、密生于枝顶，叶片匙形或刀披针形，长 2~4cm，两面密被白色绒毛，具有芳香气味。植株银装素裹，为绿色植物类群中少有的"白叶植物"。秋至冬季开花，头状花序像金黄色的小球，直径生于上部叶腋内，具柄。芙蓉菊多野生于基岩海岸的岩石缝和崖壁上。

芙蓉菊是菊科的常绿亚灌木，其多年生主干苍劲古朴、粗壮老辣，盆景界人士也常用它来制作树桩盆景，图 2-17、图 2-18 是中国第七届盆景展览参展的两盆芙蓉菊树桩盆景。于锡昭先生选中芙蓉菊做为其小菊杂交育种的父本，一个是因为芙蓉菊花径小，仅在 1cm 直径以内；另一个最主要的原因就是芙蓉菊是菊科的木本植物，通过天然杂交，完全可以让京味小菊老桩盆景品种的遗传基因中注入更多苍劲古朴的亚灌木木质化的生物学特性。

图 2-17

作品　浮云出岫
品种　芙蓉菊
作者　姚风

　　小菊老干多年生除了带有芙蓉菊的亚灌木基因外，栽培养护方法对其是否也有影响，为了弄清这个假设，课题组对现有的 70 余个盆景小菊品种的 2007 年度和 2008 年度的主干越冬存活率进行了数据统计。首先对这 70 余个品种在栽培养护上采用相同的养护措施，即在 10 月底或 11 月初寒流到来之前尽早搬入室内，放置在 5~15℃的、通风向阳的冷室里养护，随时剔除脚芽，只留枝杈上的萌芽。70 余个品种的统计株数不完全相同，有的品种本身数量有限，另外与当年该品种的表现和造型数量也有一定关系，造型数量多的统计的数相对较多。从统计结果看主干存活率 100% 的北京盆景小菊老桩品种有 18 个，主干存活率在 60% 以上的北京盆景小菊老桩品种有 35 个。本科研课题组 2008 年筛选出的评分在 85 分以上（优）的 15 个北京小菊老桩盆景新优目标品种，其主干存活率均在 60%

图 2-18

作品　翻动扶摇
品种　芙蓉菊
作者　王武传

以上（一个日本品种除外）。

组筛选出的这 16 个主干存活率 100% 的盆景小菊老桩品种应该属于向多年生木本花卉过渡的小菊品种。我们在几年的小菊过冬主干存活率观察中发现：那些小菊过冬主干存活率低的品种，它们的生物学特性更多的是属于草本植物，因为无论你怎样剔除脚芽，它们的主干还是要干枯死亡，不能长成多年生的粗壮古朴的主干老桩。

因此，我们培育盆景小菊多年生的粗壮古朴的主干老桩，只能选择那些过冬时主干存活率在 60% 以上的盆景小菊品种，当然选择过冬时主干存活率 100% 的盆景小菊品种就更有价值了。

第五节　扦插育苗

在 11 月至翌年 3 月间，选优良小菊老桩根茎部长势茁壮的脚芽用于扦插。在浅瓦盆中置细沙土（可掺入 1/3 的草炭土），剪下的小菊脚芽入土 1cm，浇水后放在 5~15℃ 的室内。光照要充足，盆土不要过湿以防烂根。经一个月左右脚芽开始萌动，此时即已生根，说明扦插成功，即可分盆栽培养护。

扦插脚芽的时间越早越好，在 11 月初即可开始进行，这样有利于一年生菊苗主干的快速增粗增长，为培育出粗壮的盆景小菊桩坯打下良好基础。

本章复习思考题

1. 小菊盆景优良品种评价指标的要求是什么？
2. 怎样对盆景菊品种进行具体的量化评价？
3. 怎样运用杂交育种的方式选育盆景菊新品种？
4. 怎样扦插繁殖优良盆景小菊品种？

本章实操训练作业

扦插菊桩脚芽，自己动手繁育第二年的小菊盆景菊苗。

第三章　欣赏与设计

第一节　小菊盆景艺术鉴赏

　　小菊盆景是菊花栽培各种样式中（诸如独本菊、多头菊、大立菊、案头菊、悬崖菊、小菊嫁接造型等）最具艺术底蕴的菊艺形式，欣赏小菊盆景需要较高的艺术审美眼光。具体而言，需要把握以下几个艺术鉴赏视角：

　　（1）观干茎——主干粗壮古朴、霜皮老辣斑驳、线条曲折流畅、形态古老奇特（图3-1、图3-2）。

▲ 图3-2

图3-1、图3-2

　　尹家鹏菊艺师养出的两盆小菊盆景，主干造型古朴、奇特，韵味十足。

▲ 图3-1

▲ 图 3-3

▲ 图 3-4

图 3-3、图 3-4

"粉纽扣"，花瓣深粉色，小巧玲珑、姿韵可人。

是天坛菊花班尹家鹏菊艺师养出的两盆小菊盆景，主干茎粗壮古朴、线条曲折流畅，成功展现出了京味小菊老桩盆景主干造型的韵味，是两盆颇为耐看的菊艺作品。

（2）观花型——京味小菊老桩盆景造型对于花型的要求不同于一般的小菊盆花，花部形态关键要有韵味、小巧玲珑、姿韵可人。在花部形态指标上京味盆景小菊选种要求"重点为纽扣型小菊"，所谓纽扣菊就是指：花径小（花朵直径在 2cm 左右），花心大而花瓣短（花瓣可以单瓣，也可以重瓣），花心最好为蜂窝状或托桂状，也可以是一般花心。图 3-3、图 3-4 是本科研课题组筛选出的一个标准的纽扣型小菊品种——"粉纽扣"，花瓣深粉色，色彩淡雅明快，二层重瓣，花径 1.9cm，花心大而花瓣短，花心呈蜂窝状，花柄长度 0.6cm，节间长度 1cm。

（3）观枝片——注重小菊枝条与层片的造型，苍劲老辣的主干再配以潇洒流畅的枝条，整株菊树枝干与层片巧妙得体的章法布局往往能令欣赏者百看不厌、回味无穷；这是普通的、粗放式管理的小菊盆花所无法比拟的，也正是京味小菊老桩盆景的艺术魅力之所在！盆景小菊的枝干与层片的线条美绝不是天生长出来的，而是靠栽培者在小菊老桩的生长季不断进行精心的造型与修剪，细腻地处理好每一个枝条及花芽。图 3-5 是尹家鹏菊艺师精心养出的小菊盆景《论道》，枝的分布脉络清楚，疏密得当；枝片主次分明，层次清楚，分布位置恰当；五组枝片造型恰好组合成一个不等边三角形构图，精心的枝条与层片造型潇洒流畅，妙不可言！

（4）观根盘——提根栽培技法和剔除脚芽的栽培要求保证了小菊老桩主干能够成活多年，同时也塑造出了京味小菊老桩盆景悬根露爪、嶙峋苍古的艺术特色。图3-1、图3-2、图3-5、图3-6都是尹家鹏菊艺师精心养出的小菊盆景作品，提根栽培技法运用得非常成功，

图 3-5

　　尹家鹏菊艺师精心养出的小菊盆景《论道》，枝条与层片造型潇洒流畅，妙不可言！该作品荣获 2011 年第三届北京菊花文化节展览金奖。

图 3-6

　　尹家鹏菊艺师的小菊盆景作品，菊桩悬根露爪、虬曲而苍健！

▲ 图 3-6

根系发达、分布自然，虬曲而苍健，极具观赏价值。

（5）观意境——京味小菊盆景的成型作品不同于普通的菊花盆栽，它追求高层次的意境品味与充满个性的乡土特色，擅长表现小菊造型者的心声。

在第九届中国菊花展览（2007 中山小榄）会上，北京市园林学校菊花艺术布置展台的主打作

▲ 图 3-7

品是一组水旱式小菊老桩盆景——"京味皇家园林文化畅想系列"，本系列小菊盆景尝试从北京皇家园林文化的传统沃土中，寻找并丰富当代北京菊艺创作的题材；这一组四个水旱式小菊老桩盆景各自的题名为《太液秋风》《曲水流觞》《团城探海》《仙人承露》，运用房山汉白玉石盆与北京特产燕山石制作的水旱式小菊盆景，表现的主题是北京皇家园林文化的迷人风韵，尝试在小菊盆景创作中打造"京人、京石、京菊、京腔、京韵、京味"的北京乡土特色。其中《团城探海》取材于北海团城的探海松树，虽然团城探海的松树景观早已在建国初期就消失了，现在以小菊老桩盆景的艺术形象表现之，借题发挥、展开想象，但求神似、只传神貌（参见图 3-7）。

第二节　小菊盆景创作设计的造型样式

　　小菊桩景的造型样式由于品种生物特性的不同，构思立意的特色，加工造型的差异，作者兴趣爱好的区别，其所表现出的造型形象可以千变万化、千姿百态、别出心裁、各具异趣。归纳起来有以下主要造型样式在小菊盆景造型的创作设计过程中可供参考：

直干式、双干式、曲干式、斜干式、悬崖式、拧干式、枯干式、文人树式、提根式、木附式、石附式、连根式、丛林式等。

然而，小菊盆景做为菊花栽培各种样式中最具艺术底蕴的菊艺形式，其特色是"有样式而无定式"——在造型过程中应根据小菊桩坯本身的特点灵活把握，以最充分发挥小菊桩坯自身的优势。小菊盆景艺术是有生命力的艺术，在造型创作设计过程中要始终遵循"法一形万"的艺术美学原则，善于抓住小菊桩坯最具生命力的形态特色，标新立异，才能创作出别出心裁、独具神韵的菊艺佳作！

一、直干式

主干临风傲立，不弯不曲；枝条分生横出，层次分明（参见图 3-8、图 3-9）。

二、双干式

双干一大一小，大高小低，大直小斜；枝条有争有让，左右顾盼（参见图 3-10~图 3-12）。

▲ 图 3-8

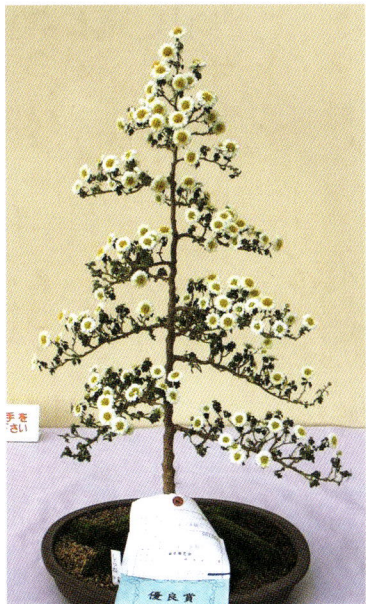

▲ 图 3-9

图 3-8

直干式示意图——主干要高大粗壮；根盘均匀分布，扎地有力；主干存活最好三年生以上，方有大树气势。

图 3-9

日本小菊盆景中的直干式

▲ 图 3-10

▲ 图 3-11

图 3-10

　　双干式示意图一

图 3-11

　　双干式示意图二

图 3-12

　　日本小菊盆景中的双干式

▲ 图 3-12

三、曲干式

主干扭曲，灵活多变；形如蛟龙，刚柔相济（参见图3-13~图3-15）。

▲ 图3-13

▲ 图3-14

▲ 图3-15

图3-13

　　曲干式示意图一

图3-14

　　曲干式示意图二
——双曲干式小菊盆景

图3-15

　　日本小菊盆景中的
曲干式

四、斜干式

主干向一侧倾斜，飘逸潇洒，树形极富动势（参见图 3-16～图 3-19）。

图 3-16

斜干式示意图

图 3-17

日本小菊盆景中的斜干式

图 3-18

日本小菊盆景中的双斜干式

东球
小菊老桩盆景

图 3-19

天坛公园小菊盆景中的斜干式

五、悬崖式

主干虬曲下垂盆外，颇具自然界悬崖峭壁、苍松探海之势（参见图 3-20~ 图 3-23 ）。

◀ 图 3-20

图 3-20

悬崖式示意图一

图 3-21

悬崖式示意图二

▲ 图 3-21

东球
小菊老桩盆景

▲ 图 3-22

▶ 图 3-23

图 3-22

　　日本小菊盆景中的悬崖式

图 3-23

　　日本小菊盆景中的悬崖式

六、拧干式

在小菊菊苗一年生之时，趁其主干还幼嫩，将两株或三株菊苗的主干拧在一起，再做拿弯及分枝造型，以增加主干的粗度及造型的变化（参见图 3-24、图 3-25）。

图 3-24

拧干式示意图一

图 3-25

拧干式示意图二

七、枯干式

两年生以上的小菊盆景老桩，其中一株已经死亡，但还保留其枯木状主干；另一株小菊盆景老桩仍然生机蓬勃地活着。在同一盆盎中生与死、枯与荣的交织对照、交相辉映，可产生较好的艺术效果（参见图 3-26~ 图 3-28）。

▶ 图 3-26

▲ 图 3-27

◀ 图 3-28

图 3-26

　　枯干式示意图一

图 3-27

　　枯干式示意图二

图 3-28

　　枯干式示意图三

八、文人树式

文人树式小菊盆景主干讲究高瘦、古怪，枝片出姿要求简洁明快、飘逸潇洒，让造型画面留有较多的空白，以充分表达文人墨客孤高清傲、高雅脱俗的韵味（参见图 3-29~图 3-32）。

图 3-29

文人树式示意图一

图 3-30

文人树式示意图二

图 3-31

文人树式示意图三

图 3-32、图 3-33、图 3-34

　日本小菊盆景中灵活多变的文人树样式

▲ 图 3-32

▲ 图 3-33

▲ 图 3-34

九、提根式

小菊老桩的根系高高地裸露于盆面之上，犹如龙爪虬曲，盘根错节，苍劲有力（参见图 3-35、图 3-36）。

图 3-35

提根式示意图一

图 3-36

提根式示意图二

十、木附式

小菊老桩的根部附在枯木木桩之上生长，沿枯木缝隙贴木而生，盘根错节的根系最后再扎入盆土中，其顽强的生命力颇具艺术震撼力（参见图 3-37~ 图 3-39）。

▶ 图 3-37

▲ 图 3-38

▼ 图 3-39

图 3-37

　　木附式示意图一

图 3-38

　　木附式示意图二

图 3-39

　　日本小菊盆景中的木附式

十一、石附式

小菊老桩的根部附在山石之上生长，再沿石缝深入盆土中，其根抱石而生、穿孔扎洞，展示了小菊老桩强大的生命力（参见图3-40~图3-42）。

▲ 图 3-40

▲ 图 3-41

▼ 图 3-42

图 3-40

　　石附式示意图一

图 3-41

　　石附式示意图二

图 3-42

　　日本小菊盆景中的石附式

十二、连根式

　　一株小菊老桩有多根主干，上部分开，好似丛林；下部却是一个整体，根根相连（参见图 3-43~ 图 3-45 ）。

▼图 3-43

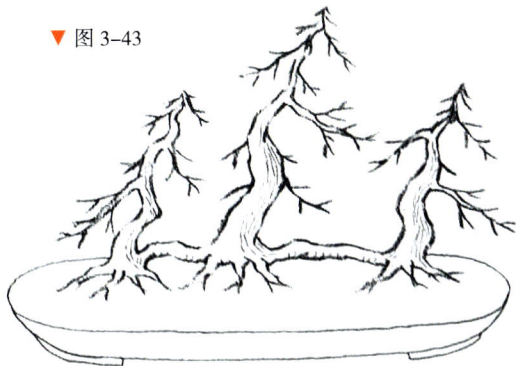

图 3-43

　　连根式示意图一

图 3-44

　　连根式示意图二

图 3-45

　　连根式示意图三

▲图 3-44

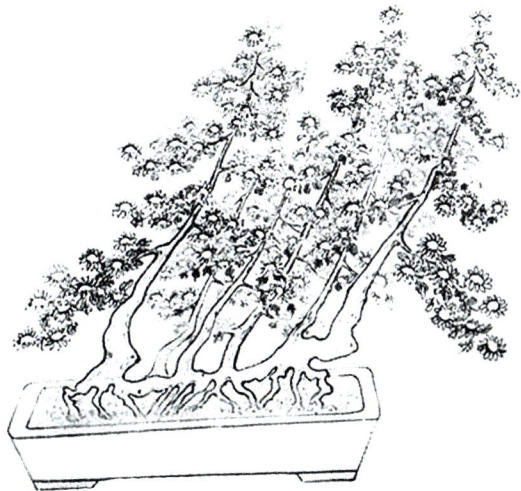

▲图 3-45

十三、丛林式

多株小菊老桩栽植于同一盆盎之中，表现自然界三五成丛的疏林风光（参见图 3-46~ 图 3-48 ）。

◀ 图 3-46

图 3-46

丛林式示意图一

图 3-47

日本小菊盆景中的丛林式

▼ 图 3-47

图 3-48

日本小菊盆景中的丛林式

本章复习思考题

1. 欣赏小菊盆景需要把握哪几个艺术鉴赏视角？

2. 简述小菊盆景创作设计的主要造型样式。

本章实操训练作业

选定并构思好您所要制作的小菊盆景的造型样式，画出设计方案草图。

东篱 小菊老桩盆景

第四章 养护与管理

第一节　分盆栽培

从扦插瓦盆取出生长健壮的菊苗。选直径 15cm 左右浅瓦盆，装入配好的培养土，小菊盆景的配土需肥量丰富，这里介绍一种简单易行的快速盆土配方如下：可用市场上的花卉营养土（如君子兰专用土等）4 份，掺入草炭土 2 份与粗沙土（沙粒直径在 2~5mm）2 份，再加入充分发酵腐熟的骨粉 1 份与麻渣土 1 份，五种土按 4：2：2：1：1 的比例混合均匀即可，以后视长势再酌情追肥。

传统配制培养土（腐叶土）一般在头年的秋季进行，具体配方如下：秋季收集落叶 3 份（最好选用阔叶树的落叶，以压实后的体积计算）、面沙土 2 份、锯末 3 份、松柏树落叶 1 份、烧透蜂窝煤炉渣 1 份。混合好培养土后放入积肥坑内，以充分发酵腐熟的麻渣、豆饼水浇透，泼洒适量杀虫剂后，用泥土封严，来年使用效果最好。

当培养土装至大半盆时，这时左手提扦插菊苗，右手填土压住根须，墩实土壤，上留一指沿口，再浇透水。

换盆后的菊苗应放在通风向阳的位置，大肥大水、见干见湿，以利于菊苗主干迅速增粗生长。菊苗上盆后 1 个月，根据小菊长势酌情追肥，酌情每星期或半个月追加千分之二尿素肥水一次。因为盆景小菊第一年的增粗生长最为重要，达不到 1cm 以上的主干直径粗度，就会影响小菊老桩盆景的观赏价值。因此，必须重视第一年盆景小菊的水肥管理。

第二节　水肥管理

浇水每天 1~2 次，时间应在上午 10 点或下午 4 点以后为好，避开中午高温。7~8 月，如遇持续大雨，气温高、湿度大，小菊易渍水死亡，要及时排水防涝。浇水不宜使用皮管直接浇灌自来水；而应使用在水缸中晾过数天的自来水，用浇壶浇水。浇水原则是：酌情浇水，见干见湿，不干不浇，干则浇透。

浇水是养菊的一项基本功，要浇得恰到好处需要积累丰富的经验。盆中不缺水时就不能浇水，缺水时则要浇透水。判断盆土的干湿程度要凭借丰富的经验。若盆土发白变硬，手指按不动，就表明含水量不足，需要浇水。用手指背叩击盆壁，若声响重浊沉闷，表明盆土内水分尚足；如果声响清脆响亮，则盆土已干，可浇水补充。

凭经验判断盆土干湿程度还有一种更准确的方法，就是手指捏压盆土判断法。这种方法是用拇指和食指捏压盆土表层 1cm 以下的土壤，根据触觉与土壤受捏表现，大体上断定盆土的干湿程度，详见表 4-1：

表 4-1　盆土干湿程度的手指捏压判断法

干湿程度	手指捏压表现	措施
干	干粉或干硬土块	分两次浇水
稍润	捏压后土粒不成团，稍有湿润感	浇透水
湿润	捏后有土粒集合体出现，手指感觉凉爽	不浇水
潮湿	捏后土粒成团，扔之散成大块，手指有湿印	不浇水
过湿	捏后成团，扔之不碎，手指有明显水迹	盆放高，排水

与浇水有关的是松土。多次浇水与施肥后土壤的通透性变差，要及时松土。松土可使盆土表层变得疏松，改善通气条件，促进根系生长。松土深度可达 1~2cm，不要担心伤及根系，植株会很快再生新根，并增强吸水吸肥能力。

松土应在浇透水后盆土表面略干时进行。松土可与施肥相结合，松土后施肥有利于肥液下渗。经常松土，可使菊株得到更多的养分与空气，菊株的径秆粗壮，叶绿色浓，花色纯正。

小菊盆景的用肥很重要，它决定着盆景小菊第一年的主干增粗生长。通过不同追肥施肥水平处理试验，京味小菊老桩盆景科研课题组确定了适合于北京小菊老桩盆景快速成型的以下两种肥料的施肥量及施用方法，具体施用方法为：3月份将小菊扦插苗定植于泥瓦盆中，20天后开始施用科力宝月季肥5g或者沤肥10倍液处理（原料马蹄掌、麻渣、骨粉各4kg，加水20L沤制成原液，原液再加10倍水即为"沤肥10倍液处理"），以后每隔20天施一次肥。天气最热的7~8月酌情停止施用，或根据生长情况略施稀薄沤制液肥。

而化肥追肥施用方法为：每星期或半个月追加千分之二尿素肥水一次，天气最热的7~8月酌情停止施用，或根据生长情况略施稀薄尿素液肥。9~10月每星期追加千分之二尿素与磷酸二氢钾混合肥水一次。孕蕾期要结合根外追肥，尿素0.1%与磷酸二氢钾0.2%的混合液，叶背喷施二至三次，可使叶色浓绿，花色艳丽。

北京菊花界还有一种较为合理的追肥方案：菊苗上盆后1个月，根据小菊长势酌情追肥，每星期或半个月交替追加0.2%尿素肥水与矾肥水一次。

矾肥水配方如下：硫酸亚铁2份、麻渣或豆饼4份、马掌4份，加100倍水，沤制成原液，使用时再加10倍水。

施肥前盆土应干，并浅松盆土，盆土不干不能施肥，否则易烂根。施肥第二天清早，要浇一次透水，浇水必须适时适量，把握不干不浇、干则浇透的原则。

第三节 摆放位置

养菊宜选择高亢开阔的室外用地，通风呈露，排水通畅，午前当阳，午后有荫。为加快生长，可将瓦盆底眼加大，将小菊花盆摆放在用肥土做成的条式台田之中，借助地气及根系扎入台田肥土里，使小菊生长更加健壮。

家庭自养小菊盆景，最好是在东南向阳台摆放小菊花盆；如果阳台已封好玻璃窗，最好在窗外再搭支撑架，架子上先放置长方木盒，盒内放3~5cm厚的营养肥土，用于保湿。然后再把小菊花盆摆放在营养土之上。

本章复习思考题

1. 简述小菊盆景培养土的盆土配方。

2. 小菊盆景的浇水原则是什么？

3. 怎样判断盆土的干湿程度？

4. 怎样对盆景小菊进行追肥？

本章实操训练作业

在自家阳台养几盆小菊盆景，学习小菊盆景的水肥养护技术。

东珠 小菊老桩盆景

第五章　造型与参展

第一节　小菊根盘造型

目前，常用的根盘造型法是于锡昭先生的"水平根系培养法"，就是在小菊扦插苗分盆栽入泥瓦盆时，在其根部垫放一块山石或小瓦片。此种提根栽培法存在菊苗根部不稳定的缺点，特别是浇水后菊苗常会整株倒伏，影响小菊的生长。

京味小菊老桩盆景课题组经过几年的小菊提根造型试验，总结出一种新型的小菊提根栽培法。即在 3 月中旬至 4 月中旬，小菊苗长到 30cm 左右高度时，将菊苗从培养土中撬出，此时菊苗的根系已很旺盛发达；用一根铝丝将一头缠绕在山石上，拧紧固定（见图 5-1），将山石垫放在原瓦盆的土堆上，将撬出的菊苗放在山石上，侧根向四周伸展，以便将来向水平方向发展；然后用固定在山石上的铝丝缠绕菊苗的主干（见图 5-2），将小菊主干拿弯造型。最后用培养土盖住山石及菊苗，压实土壤并浇透水（见图 5-3）。

▲ 图 5-1　　　　　　　　　　　　　　　　　　　　　　▲ 图 5-2

图 5-1、图 5-2

新型盆景小菊提根法

图 5-3

用新型盆景小菊提根法培育出来的北京小菊盆景作品

这种新的提根法在分盆栽培小菊扦插苗时，可以不在根部垫放山石或小瓦片，而是直接栽于培养土中；在 3 月中旬至 5 月中旬当小菊苗分盆定植后长到 30cm 左右高度时，再换一次盆，结合第一次主干造型定型，选合适的山石垫放于小菊根部，以便培养小菊盘根绕石、悬根露爪的根部艺术形象。此种栽培方法有利于小菊植株的稳定性，但在菊苗生长过程中必须随时注意剔除根部萌发的脚芽，以利于主干的增粗生长。

第二节　主干和枝片造型

菊苗分盆定植后长到 30cm 左右时，开始摘心。摘心后侧芽迅速长成侧枝，保留 4~6 个侧枝，剪掉其余侧枝，当侧枝长出 5~8 片叶子时开始造型。

造型采用粗扎细剪的方法，主干与枝条选用直径、软硬合适的金属丝（铝丝最佳），蟠扎定型；而在枝片造型上则采用不断摘心的修剪方法，利用顶芽的生长方向达到枝片造型的目的。

造型时需要根据构思立意中已定的造型样式，依画理章法，欲左先右，欲扬先抑，弯曲变化；主干与侧枝整体构图应该始终是一个不等边三角形（参见图 5-4~图 5-7）。因为只有以不等边三角形为核心来处理主干与侧枝的整体构图关系，才能使小菊盆景艺术造型充分体现自然天成的大自然神韵。

第一次造型完成后，这仅仅是小菊造型艺术的开始，小菊盆景充分体现了盆景艺术的生命性，在半年多的养护过程中，必须不断修剪、调整造型，经过精心的培育，才能最终成为一盆有观赏价值的菊艺作品。

▶ 图 5-4

▶ 图 5-5

图 5-4

不等边三角形构图可以千变万化——独干式

图 5-5

不等边三角形构图可以千变万化——双干式

▲ 图 5-6

▲ 图 5-7

图 5-6

　　不等边三角形构图可以千变万化——附木式

图 5-7

　　不等边三角形构图可以千变万化——一组附石式构图

第三节　盆景小菊老桩嫁接造型

　　4~7月可以利用多年生盆景小菊老桩为砧木嫁接新优品种小菊接穗，嫁接造型的目的是为了使参加展览的盆景小菊以准确的盛花花期和苍劲古朴的老干老根形象提升盆景小菊作品的艺术价值。

砧木老桩 2 号（见图 5-8、图 5-9）是一株二年生的盆景小菊老桩，品种为 06-10-16-28；接穗的品种为 07-10-4-1。结果老桩 2 号开了两次花，一次花期是 10 月 1 日期间，即接穗品种为 07-10-4-1 的花期；另一次花期是 10 月 23 日前后，即砧木品种为 06-10-16-28 的花期。

▲ 图 5-8

▼ 图 5-9

图 5-8、图 5-9

　　多年生盆景小菊老桩可以通过嫁接新优品种小菊接穗，改变花期。

第四节　日常整形管理

　　主干拿弯造型 1~2 个月以后，在 4 月下旬至 5 月上旬将菊桩从小瓦盆换至中瓦盆，重新换营养土，小心摘取去掉造型铝丝，剪去多余枝条及损伤的叶片。此时小菊主干拿弯造型基本定型。

日常养护除正常的水肥管理掌控之外，要注意及时摘心与整形，使其按理想的造型姿态生长发展。8月中旬做一次重点整形修剪，为使新芽生长整齐，应摘去老叶，使膛内通风透光。剪掉过长过密的枝条；用铝丝对个别枝条做一次整形归位，达到疏密有致。此时修剪造型，一定要修剪出有层次感的枝片。特别是枝片修剪造型一定要在8月中旬至下旬完成。

9月10日白露节气前后，把握天时，进行最后一次平头摘心，把小菊桩子的整体造型固定下来。9月10日是正常花期（11月1日盛开）最后一次摘心的时间，如果计划提前花期或者延迟花期，则需把握住最后一次摘心的时间，一般距离展出评比50~60天进行最后一次摘心。当然，小菊品种的盛花期因品种而异，最后一次摘心的时间也应根据不同品种自己的盛花期灵活掌握。

第五节　展前准备

10月初，注意观察参展小菊的花蕾状态，花蕾开始透色则可以赶上正常展览的花期（11月1日盛开）；如果小菊的花蕾刚刚冒出，甚至还未现蕾，应将它们放入温室加温，以便赶上正常展览的花期（11月1日盛开）。

参展小菊的花蕾出现后，用250倍B9水溶液喷抹花柄，10天喷1次，喷2~3次。方法是从侧面喷打花柄，适当用手指揉搓，以便于花柄吸收，控制花柄生长过长，此法可使枝片花型紧凑，增加观赏价值。

10月中旬小菊花蕾开始透色、初绽，应换上精致的盆景展盆，为展出观赏做准备。为保证成活率与花朵正常开放，去土不得超过原土的1/3；盆土表面应贴植青苔，地形呈自然起伏的缓坡状，盆沿应留一指高的沿口以利浇水。

细心拆去枝干上的金属丝，把9月10日前的老叶全部摘去，只留最后一次摘心后发出的小叶。最后再题一个雅名，即可搬去参加展览了。

精致的盆景展盆可以用各种造型精美的紫砂盆（见图 5-10、图 5-11），也可以运用汉白玉山水盆做成水旱式，因为京味小菊盆景的成型作品不同于普通的菊花盆栽，它追求高层次的文化品位与充满个性的乡土特色，擅长表现小菊造型者的心声。水旱式京味小菊老桩盆景作品《菊林逸事》（见图 5-12）在一个自然曲线的汉白玉砚式山水盆里，植三五成丛的小菊老桩，菊桩粗壮而充满生机；树荫下一对老者正在下围棋，悠然自得。

图 5-10

　　栽种在紫砂盆中的北京小菊盆景《祥云》，作者是北京盆景协会小菊盆景专业委员会会员左鹏。

图 5-11

　　栽种在紫砂盆中的北京小菊盆景《舞》，作者是北京市天坛公园的尹家鹏。

图 5-12

栽种在汉白玉山水盆中的水旱式京味小菊老桩盆景作品《菊林逸事》，作者是北京市园林学校盆景课外兴趣小组的陈晨同学，该菊艺作品荣获 2010 年北京市第二届菊花文化节银奖。

小菊盆景的参展盆器完全可以就地取材，灵活多变。图 5-13 的小菊盆景作品《菊中寿星》，是李宝璨同学自己动手用一块青石板打造出来的种菊盆器。图 5-14~ 图 5-17 则是一组日本小菊盆景作品，其盆器的使用玲珑多姿、惹人喜爱。

图 5-13 《菊中寿星》

作者是北京市园林学校盆景课外兴趣小组的李宝璨同学，作者在自己巧手雕琢制作的青石云盆中，植一株四年生的小菊老本，菊根悬根露爪，主干粗壮苍古，树冠花繁叶茂，充分展现出了"菊中寿星"老当益壮的顽强生命力，两只仙鹤与一个老寿星则恰到好处地点染出了主题立意。该作品荣获第 27 届北京市菊花展览铜奖。

▼ 图 5-14

▲ 图 5-15

◀ 图 5-16

▼ 图 5-17

图 5-14、图 5-15、图 5-16、图 5-17

日本小菊盆景作品的参展盆器，形式多样、很有创意。

日本小菊盆景在菊展上的展示陈列方式也是值得国内菊展中的小菊盆景展览学习与借鉴的，每个参展者给出 3m 见方的展位，展位后半部分为博古架或附石盆景等，由高到低、由后至前，每个展位可展出 10 余盆小菊盆景作品，背景干净清爽，可以全面充分地展示出各种造型样式、花色品种，陈列展示效果极佳（参见图 5-18~图 5-21）。

图 5-18

　　日本全国菊花大会上的小菊盆景展位

▼ 图 5-18

图 5-19

日本全国菊花大会上的小菊盆景展位。

◀ 图 5-20

▼ 图 5-21

图 5-20、图 5-21

日本全国菊花大会上的小菊盆景展位

在第九届中国菊花展览（2007 中山小榄）会上，北京市园林学校菊花艺术布置展台的主打作品是一组水旱式小菊老桩盆景——"京味皇家园林文化畅想系列"，本系列小菊盆景尝试从北京皇家园林文化的传统沃土中，寻找并丰富当代北京菊艺创作的题材；这一组四个水旱式小菊老桩盆景各自的题名为《太液秋风》（见图 5-22）、《曲水流觞》（见图 5-23）、《团城探海》（见图 5-24）、《仙人承露》（见图 5-25），运用房山汉白玉石盆与北京特产燕山石制作的水旱式小菊盆景，表现的主题是北京皇家园林文化的迷人风韵，尝试在小菊盆景创作中打造"京人、京石、京菊、京腔、京韵、京味"的北京乡土特色。特别是这组水旱式小菊老桩盆景摆放在蓝底蓝墙的展台之上，背景干净清爽、大大方方，越发映衬出其高雅脱俗的文化品位，陈列展示效果极佳（参见图 5-26）。

▲ 图 5-22 太液秋风

▲ 图 5-23 曲水流觞

▲ 图5-24 团城探海

▲ 图5-25 仙人承露

图5-22、图5-23、图5-24、图5-25、图5-26

北京市园林学校菊展展台以小菊盆景（原本）与菊花插花为布景材料，以北京2008奥运与皇家园林为主题，力求使本菊花展台突出"京菊、京韵、京人、京味"的北京特色。我们获得了中国菊花展览（第九届）一金二银三铜的优异成绩。北京市园林学校菊花艺术布置展台的主打作品则是一组水旱式小菊老桩盆景——"京味皇家园林文化畅想系列"，本系列的园林原型均取材于北京城内最古老的皇家御苑——西苑三海的四个园林景点，即：中海犀山台的太液秋风（乾隆御碑）、南海瀛台的曲水流觞（即"流水音亭"）、北海琼岛的仙人承露、北海团城的探海松树。这一组四个水旱式小菊盆景各自的题名为《太液秋风》《曲水流觞》《团城探海》《仙人承露》。

▲ 图5-26 北京市园林学校菊展展台

第六节　小菊盆景造型艺术的三大技法

小菊盆景造型艺术的三大技法是：修剪、蟠扎、提根。

一、修剪

修剪是指确定小菊盆景的造型样式之后，就要在合适的时间剪掉多余枝条，保留造型枝条；同时，对不断生长的枝条上的叶芽不断进行精心的修剪，细腻地处理好每一个枝条及花芽，这样才能形成层次分明、花叶丰满的枝片。图 5-11《舞》的枝片层次分明、潇洒飘逸，是作者精心修剪枝片，注重枝条造型的成果。8 月中旬一定要做一次重点整形修剪，去掉过长过密的枝条；用铝丝对个别枝条做一次整形归位，达到疏密有致。为使新芽生长整齐，应摘去老叶，使膛内通风透光。此时修剪造型，一定要修剪出有层次感的枝片。特别是枝片修剪造型一定要在 8 月中旬至下旬完成。

二、蟠扎

蟠扎是指用铝丝蟠扎小菊的主干与枝条，拿弯，做出理想造型。京味小菊老桩盆景注重小菊枝条与层片的造型，苍劲老辣的主干再配以潇洒流畅的枝条，整株菊树枝干与层片巧妙得体的章法布局往往能令欣赏者百看不厌、回味无穷；这是普通的、粗放式管理的小菊盆花所无法比拟的，也正是京味小菊老桩盆景的艺术魅力之所在。盆景小菊的枝干与层片的线条美绝不是天生长出来的，而是靠栽培者在小菊老桩的生长季不断进行精心的造型与修剪才能形成。图 5-24《团城探海》中的那株模仿北海团城探海松树的小菊老桩，其临水探海式的主干造型完全是在其生长季节通过铝丝攀扎定向造型才逐步塑造出来的；其相对集中的两组花枝层片组合也是栽培者精心修剪取舍的成果。

1. 铝丝蟠扎法

主要用于小菊主干的拿弯造型。具体步骤如下：第一步，确定铝丝的粗度——根据

京味小菊老桩盆景

小菊主干粗细选用适度粗细的铝丝，太粗了蟠扎缠绕费力且易伤树皮，太细了机械拉力达不到造型的要求。所截铝丝长度为主干高度的 1.5 倍为宜。第二步，铝丝固定——把截好的铝丝一端插入主干下部的根系土团里，或者将铝丝一端缠绕固定在主干下部的枝条上（见图 5-27）。第三步，把握好铝丝缠绕的方向、角度与松紧度——如要使主干向右扭旋作弯，铝丝应顺时针方向缠绕；反之，则按逆时针方向缠绕。铝丝与主干成 45° 角度太大时，缠绕的圈太稀，力度不够则达不到造型的要求；角度太小时，线圈过密则变成了"铁树"。缠绕时铝丝要贴着树皮，松紧适宜，由下而上，均匀向上缠绕，切忌时紧时松、时疏时密；切忌两根或两根以上的铝丝在同一处交叉通过，形同"五花大绑"，有碍观瞻（见图 5-28 左侧两图）。第四步，拿弯——

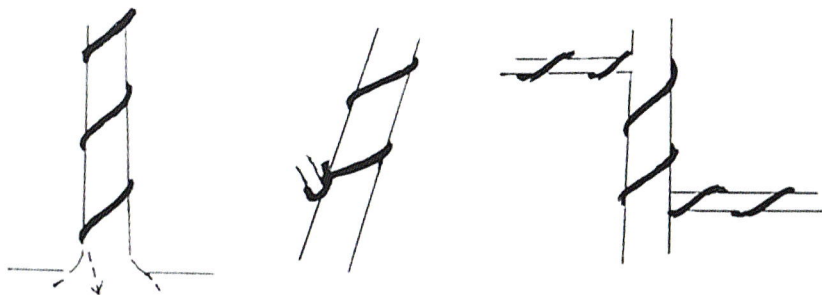

图 5-27

铝丝的固定缠绕

错误　　　　　45°　正确　　　　　正确

图 5-28

铝丝的缠绕和拉吊

缠好铝丝后开始拿弯，拿弯时应双手用拇指和食指、中指配合，慢慢扭动，重复多次，使其韧皮部、木质部都得到一定程度的松动和锻炼，达到转骨的作用，这叫"练干"。如果不练干，一开始就用力扭曲拿弯，容易折断。第五步，拆除铝丝——蟠扎拿弯后一个月左右，观察主干与枝条的弯度已基本定型了，就应及时拆除铝丝，否则铝丝嵌入枝干皮层既影响小菊正常生长，也不雅观。图5-29是铝丝蟠扎法的全过程示意图，可供参考。

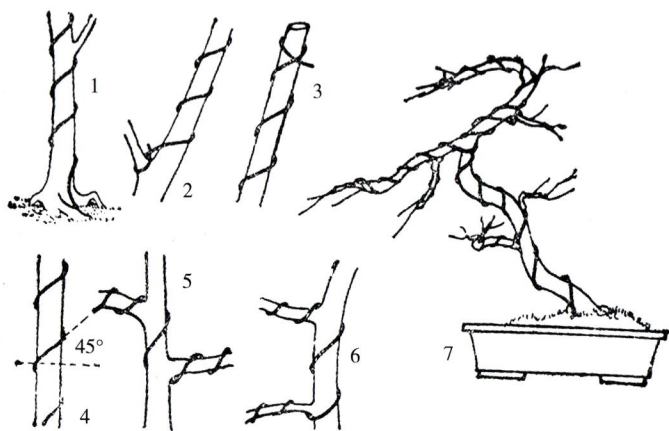

图5-29 铝丝蟠扎法全示意图

1，2—固定始端；3—终端结扎；4—铅丝缠绕斜度；
5，6—一根铅丝绕二枝；7—全株扎成后

2. 竹棍扭曲法

主要用于小菊主干的拿弯造型。根据竹棍的数量，又可分为单棍法、双棍法和多棍法三种，见图5-30。对比铝丝蟠扎法，运用竹棍扭曲法为小菊主干拿弯，其拿弯的角度更大、可以连续拿几个大弯，而且弯度曲线流畅自然。图5-31的小菊主干的曲弯儿就是运用此法拿出的。

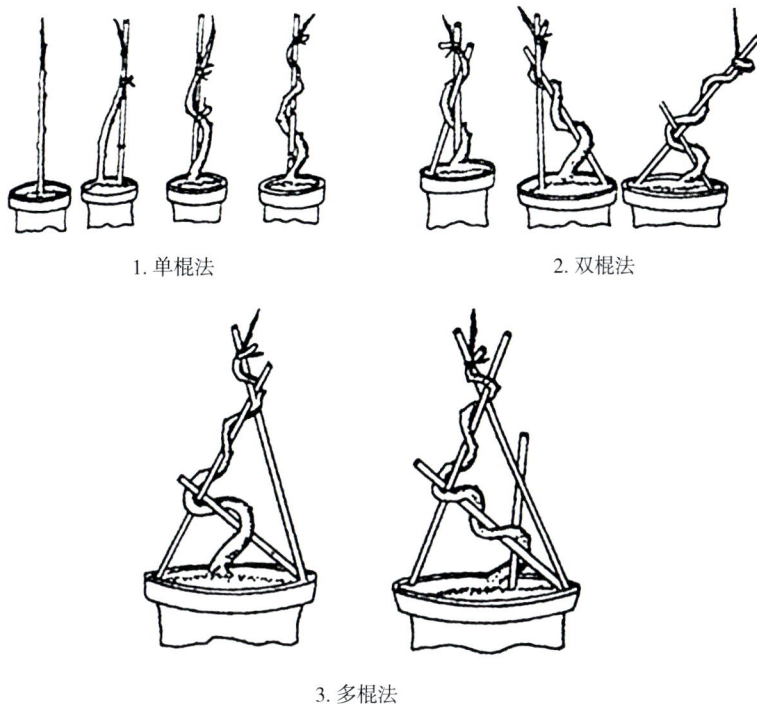

1. 单棍法　　　　　　　　2. 双棍法

3. 多棍法

图 5-30

竹棍扭曲法图示

3. 铝丝拉吊法

此法是用细铝丝拉吊小菊枝条，改变小菊枝条的伸展方向与角度（见本章图 5-28右图）；铝丝蟠扎枝条也可达到这一目的，但铝丝缠绕过多会影响枝条的生长，也不够自然，因此能用铝丝拉吊法就不用铝丝蟠扎法。

三、提根

　　提根栽培技法和剔除脚芽的栽培要求保证了小菊老桩主干能够成活多年，同时也塑造出了京味小菊老桩盆景悬根露爪、嶙峋苍古的艺术特色。本章图5-22《太液秋风》的小菊老桩，其根盘抓地有力，饱满传神地表现出了这株5~6年生小菊老桩顽强的生命力。图5-31《曲折有韵》其主干拿弯儿婉转流畅，根盘造型酷似龙爪，是运用竹棍扭曲拿弯造型技法及提根栽培技法的成功范例。在本章第一节已经详细介绍了京味小菊老桩盆景课题组经过几年的小菊提根造型试验，总结出一种新型小菊提根栽培法。图5-32、图5-33是2012年运用新型小菊提根栽培法培养出来的小菊盆景根盘造型。天坛公园菊花班的提根方法是：不刻意在根部垫石头或瓦片，而是在养护浇水时，有意利用浇水的冲力去除小菊根部土壤，再通过几次换盆提根，也可以达到盆景小菊根盘造型的目的与效果，是一种较为稳妥与简单实用的提根栽培技法。图5-34、图5-35是2012年运用天坛公园菊花班的小菊提根栽培法培养出来的小菊盆景根盘造型。

　　总之，运用上述小菊盆景造型艺术理论一定要注意以下几点：

图 5-31 《曲折有韵》

　　《曲折有韵》是精心运用小菊盆景造型艺术三大技法修剪、蟠扎、提根的成功范例，是一盆充满艺术灵气儿的菊艺小品盆景，作者是北京市天坛公园的尹家鹏。

图 5-32、图 5-33

　　运用新型小菊提根栽培法
培养出来的小菊盆景根盘造型

◀ 图 5-33

▼ 图 5-34

▼ 图 5-35

图 5-34、图 5-35

运用天坛公园菊花班的小菊提根栽培法培养出来的小菊盆景根盘造型

（1）有样式而无定式——在造型过程中应根据小菊桩坯的特点灵活把握，以最充分发挥小菊桩坯自身的优势。

（2）精心养护是关键——第一次造型完成才只是小菊造型艺术的开始，小菊盆景充分体现了盆景艺术的生命性，在半年多的养护过程中，必须不断修剪、调整造型，经过精心的培育才能最终成为一盆有价值的菊艺作品。

（3）培养悟性与兴趣最重要——热爱与兴趣是最好的老师，只有钻进去，非常投入，热心于小菊盆景造型艺术，勤于动手制作，坚持不懈，不怕吃苦，才会有所收获！

本章复习思考题

1. 小菊盆景造型艺术的三大技法是什么？

2. 盆景小菊老桩为什么要嫁接造型？

3. 小菊盆景的艺术造型为什么要以不等边三角形为核心来处理主干与侧枝的整体构图关系？

4. 怎样对盆景小菊进行根盘造型？

5. 怎样对盆景小菊进行枝片造型？

6. 怎样把握住盆景小菊的最后一次摘心时间？

本章实操训练作业

1. 在自家阳台养几盆小菊盆景，学习小菊盆景的造型技法。

2. 构思立意，展前造型，换盆参展，亲手创作一盆能够展示京人、京腔、京韵的京味小菊老桩盆景。为您的小菊盆景习作拍下照片，并写一篇赏析文字，享受您的创作成果。

第六章　病虫害防治与过冬复壮

第一节　病虫害防治

病虫害严重影响菊株的生长发育。受害菊株轻者变形，不能正常开花；重者全株萎蔫，以致死亡。因此，对菊花的病虫害绝对不可忽视。要以预防为主，防治兼顾。要勤于观察，发现情况要找出致害原因，治早、治少、治了。特别是大量种植，要在栽培环境、栽培技术等方面预先采取有力措施。选地势高，通风好的地方做菊圃，土壤、花盆要消毒灭虫，菊株摆放要通风透光，合理灌溉施肥，不引进带病虫害的植株，坚决清除并烧掉严重病虫害植株。现将常见病虫害发生情况及防治方法（表6-1，表6-2）：

表6-1　菊花病害防治表

病名	症状	病因	防治	备注
褐斑（黑斑）病	初起叶片上出现黄色斑点，后转为褐色斑块，逐渐扩大，导致病叶干枯，脱落	潜伏的病菌借雨水、灌溉水溅落在叶片上成为最初的侵染源，7~8月高温多雨发病率高	不用旧盆宿土，通风透光，喷甲基托布津800倍液防治	对于病害，防胜于治。未发病前，通风透光，保持植株和环境清洁，按时打药
锈病	初起时病叶表面有黄色锈斑，逐渐变为褐色，叶背表皮破裂后有黄色粉末随风扩散	由病菌孢子感染，孢子从叶片气孔侵入健康组织形成病斑，阴湿多雨易发病	喷甲基托布津、多菌灵800倍液或粉锈宁2000~4000倍液防治	
白绢病	茎基部变成褐色，出现白色丝状菌丝，呈辐射状在土壤中蔓延，导致根系腐烂、植株死亡	由白绢病病菌感染而发病，温度高、湿度大时易发病	保持土壤透气、排水良好，土壤消毒、拔除病株、火烧残根、清除病株盆土	
猝倒病	菊株幼苗最易受害，扦插的菊芽受害后叶片边缘变黑，顶芽停止生长，局部出现水渍状，终至干枯死亡	病原体为多种真菌。随雨水、灌溉水、土壤等传播。使用旧盆宿土、高温高湿、通风不畅、日照不足易发病	花盆土壤消毒，通风透光。勤检查，发现病株立即清除。百菌清、多菌灵、托布津800倍液喷布有效	

病名	症状	病因	防治	备注
白粉病	菊株叶片、茎秆、花蕾上出现白色绒样病斑，面积逐渐扩大，叶片扭曲变形，茎秆弯曲，严重时全株死亡	由病菌侵染发病，随风雨传播，8~10月为多发季节，空气湿度大、通风不良、光照不足易发病	通风透光，控制土壤湿度，喷托布津、多菌灵800倍液，喷粉锈宁2000~4000倍液有特效，发现病株清除、烧掉	对于病害，防胜于治。未发病前，通风透光，保持植株和环境清洁，按时打药

表6-2 菊花虫害防治表

虫名	虫体	害情	防治	备注
蚜虫	菊蚜绿色或棕色，每年可繁殖20代	聚生于菊株顶端的叶、茎上，用口器吸食菊株养分，受害叶片发黄、打卷、干枯、脱落	多种农药均可除治，常用氧化乐果1000~1500倍液喷治	对虫害最好是防患未然，早打药、勤捕杀。经常更换杀虫药，以防产生抗药性。打药时间应在上午10点前或下午3点后，以免产生药害
粉虱（小白蛾）	成虫约长1.5mm，全身被白粉，聚生在叶片背面，预惊起飞，很快回落	刺吸叶片养料，受害叶片僵小、枯黄、变形，全株生长受阻	氧化乐果1000倍液、溴氢菊酯2000倍液喷叶子背面，5~7天一次，连喷2~3次	
红蜘蛛	虫体红色或棕红色，雌虫长0.4mm，雄虫更小。一年可繁殖10~20代，借风力、流水传播	潜伏在叶子背面，刺吸菊株养分，初期叶片出现小白点，后期叶片灰白色，直至干枯脱落	喷氧化乐果1000倍液，隔3~5日一次，连喷2~3次。三鹿杀螨醇800倍液喷治有特效	
菜青虫	幼虫长2cm，径2mm，全身绿色，成虫蝶化，全身被白粉	蚕食叶片，使叶片千疮百孔，严重时可把整片叶子吃掉	氧化乐果1000~1500倍液喷治，捕杀小白蛾	
潜叶蝇	成虫体小，产卵在叶片上，5~10月均有发生	幼虫钻进叶片，蛀食叶肉，被蛀叶片留有弯弯曲曲的半透明食道	4~5月提前喷氧化乐果预防，及早发现，用针剥除。摘除受害严重叶片、烧掉	

虫名	虫体	害情	防治	备注
蛴螬	金龟子幼虫，体乳白色、头黄色，常侧弯呈马蹄铁形，多数为每年1代	越冬蛴螬3~4月开始活动，咬食菊株根茎，7~8月当年新生蛴螬严重危害菊株	培养土使用前适当拌入杀虫剂，消灭越冬蛴螬。盆中可用辛硫磷乳油1000~2000倍液重点浇灌	对虫害最好是防患未然，早打药、勤捕杀。经常更换杀虫药，以防产生抗药性。打药时间应在上午10点前或下午3点后，以免产生药害
菊虎	黑色小天牛，成虫长1cm，5月发生	飞来的小天牛刺破距顶尖约10cm处的茎秆产卵，孵化出的幼虫自髓部往下蛀食，致顶尖枯死	喷氧化乐果1000~1500倍液防治，5~6月间虫害发生时扑捉飞来的成虫	

第二节　过冬复壮

老桩的培养是小菊盆景制作的关键。作为宿根花卉的小菊，当年生主干在新一轮脚芽萌发时就会死去，但盆景制作需要小菊有多年生的粗壮主干老桩。为此，摸索适合不同品种在冬季生长脚芽时期保护好主干的栽培技术以及筛选多年生老干不死的小菊老桩品种是本科研课题的一个工作重点。

为了"确定能体现京味小菊盆景艺术风格的、生物性状表现稳定的、生命力强盛的、多年生的北京小菊老桩盆景新优品种"，课题组对2007年度和2008年度确定的60余个盆景小菊品种，从一年生到二年生过渡的冬季春季生长状况，重点是对主干存活率进行了数据统计；发现了一批主干存活率较高的北京盆景小菊老桩新品种。其中主干存活率100%的北京盆景小菊老桩品种有18个，主干存活率在60%以上的北京盆景小菊老桩品种有35个。

从主干多年生的小菊老桩品种的生物学特性上来看，菊花是亚灌木，是介于木本植物与草本植物之间的过渡性植物品种；因此，小菊品种自身也应该存在着由一年生草本花卉向多年生木本花卉的过渡。而本课题组筛选出的这 16 个主干存活率 100% 的盆景小菊老桩品种应该属于向多年生木本花卉过渡的小菊品种。我们在几年的小菊过冬主干存活率观察中发现：那些小菊过冬主干存活率低的品种，它们的生物学特性更多的是属于草本植物，因为无论你怎样剔除脚芽，它们的主干还是要干枯死亡，不能长成多年生的粗壮古朴的主干老桩。

因此，我们培育盆景小菊多年生的粗壮古朴的主干老桩，只能选择那些过冬时主干存活率在 60% 以上的盆景小菊品种，当然选择过冬时主干存活率 100% 的盆景小菊品种就更有价值了。这就是本科研课题组调查北京小菊老桩盆景新优品种的主干过冬存活率的积极意义，也是本科研课题项目的一个创新点。《京味小菊老桩盆景研究》科研课题组 2010 年筛选出的得分在 85 分以上（优）的 15 个北京小菊老桩盆景新优目标品种，其主干存活率均在 60% 以上。

要使盆景小菊主干多年不死，主干多年生的京味小菊老桩盆景新优品种的生物学特性是一个重要因素；京味小菊老桩盆景冬季的过冬复壮关键养护管理技术措施是另一个重要因素。

具体做法是：小菊盆景秋末花谢后及时从精致参展盆盎中取出，剪除过长和腐烂的根及干枝残花，用砂壤营养土栽培在浅瓦盆中，栽种时菊桩根茎下端可以不再垫一圆状瓦片或石子了，因为小菊第一年的栽培提根技法已经形成了菊桩的悬根露爪的艺术特色，从而使小菊萌蘖脚芽的生长点向上提升，以便剔除脚芽。此时的换盆种植最要注意的是保根复壮，对于容易晃动的小菊老桩根盘要以营养土压实，必要的话还应在瓦盆里深插竹棍，将小菊老桩的主干与根盘捆绑固定住，确保菊桩不再晃动乃至倒伏。

过冬盆景菊桩应在 10 月底或 11 月初寒流到来之前尽早搬入室内，放置在 5~15℃的、通风向阳的冷室里养护，随时剔除脚芽，只留枝杈上的萌芽。根部不再萌动脚芽，可以促进菊桩营养集中提供小菊盆景主干，从而给主干带来长久的生机，取得了小菊由传统的宿根花卉做一年生栽培向菊桩老茎做多年生树木型栽培的重大突破。

翌年 4 月中旬出冷室，放置在背风向阳场地精心养护，重新整形，经过半年的精心再造型，秋后小菊老桩新花再现其华，主干依旧生机盎然、霜皮古朴，主干直径可达 3~5cm，俨然古树风貌，恰似诗增新韵，画添新彩。

本章复习思考题

1. 怎样对盆景小菊进行病虫害防治？
2. 简述小菊老桩盆景过冬复壮的具体栽培措施。

本章实操训练作业

选定壮苗与老桩放入自家阳台（阳台应向阳，5~15℃的温度），学习掌握小菊盆景的冬季养护措施。

第七章　研究专论

东味　小菊老桩盆景

立足北京乡土资源，探索创新发展之路

——大型山水壁挂式小菊盆景《陶渊明笔意》创作手记

摘要：本文详细阐述了大型山水壁挂式小菊盆景《陶渊明笔意》的创作立意、具体制作技法、北京盆景小菊老桩的优缺点；深入探讨了北京小菊老桩盆景创作者如何立足北京乡土资源，探索创新发展之路的创作思路；具体介绍了作者为了进一步打造一个高起点、高水平、高规格的北京小菊老桩盆景艺术风格而做出的大胆尝试与努力追求。

关键词：菊花文化、北京乡土植物资源、北京小菊老桩盆景的创新发展

一、创作指导思想

2008 年秋季北京市菊花（市花）展览已经举办到第 29 届了，为准备此次菊花展，我一直在考虑创作一盆什么样的菊艺作品，要能够展现出北京小菊老桩盆景的独具特色。

一件优秀的盆景作品，是由人的审美观念、造型技能与自然树石完美交融的结晶；盆景贵在展示"活着的"诗情画意，它是用"活着的"盎然生机来承载诗情画意的文化品格。那么，我手头有没有可以代表北京地方特色的"活着的"盆景植物材料呢？

目前，我拥有的能够得心应手使用的有一批北京盆景小菊的老桩。因为两年前为了探索北京乡土特色的盆景植物材料，我校联合中国盆景艺术大师、北京小菊盆景创始人于锡昭先生，承担了北京市公园管理中心科研课题《北京小菊老桩盆景研究》，几年来我们从已有的北京盆景小菊品种中筛选出了 20 余个特别适合制作多年生小菊老桩

盆景的新优小菊品种；培育出了一批二三年生的，主干已经明显木质化的，造型、提根俱佳的盆景小菊老桩。北京盆景小菊老桩的株高一般在 15~45cm 之间，适合于制作中小型盆景，特别适合于制作水旱式山水盆景。

2007 年，北京市园林学校为参加第九届中国菊花展览（广东小榄）精心制作了一组水旱式小菊盆景——"京味皇家园林文化畅想系列"，本系列四个水旱式小菊盆景尝试从北京皇家园林文化的传统沃土中，寻找并丰富当代北京菊艺创作的题材。本系列的园林原型取材于北京城内最古老的皇家御苑——西苑三海的四个园林景点，即:《太液秋风》《曲水流觞》《团城探海》《仙人承露》，该系列水旱式小菊盆景荣获第九届中国菊花展览菊花盆景金银铜奖各一枚，可以说是一次成功的探索尝试。图 7-1《太液秋风》的主景是一株五年生的小菊老桩，其粗壮的主干已

▲ 图 7-1　太液秋风

经明显木质化，特别是在主干顶端的一段神枝，为了刻画其木本老干的神韵，我还在造型过程中有意运用钩刀雕刻加工了这段精彩的神枝，以突出其老、辣的特色！

今天，我们能否借鉴 2007 年参加全国菊展的成功经验，创造性地运用好北京盆景小菊老桩这一具有北京乡土特色的植物材料，在今年的北京市菊花展览上展示北京小菊老桩盆景的独具魅力呢？这是一个颇具挑战性的课题，需要大胆去探索尝试！

意在笔先，意高则高，意奇则奇，意庸则庸，意俗则俗。在中国古代菊花文化的浩瀚文库中，首屈一指的当属陶渊明咏菊诗《饮酒》："结庐在人境，而无车马喧。问君何能尔？心远地自偏。采菊东篱下，悠然见南山。山气日夕佳，飞鸟相与还。此中有真意，欲辨已忘言。"该诗融情入景，借采菊南山，写出了诗人归隐田园、悠闲自得的心境。由于写景传情的清淡素雅，使该诗颇具禅趣！我决意这盆小菊山水盆景一定要表现出这种清淡素雅的禅趣。

二、为何选用壁挂式山水盆景的形式

陶渊明《饮酒》的风格是简洁淡雅、超凡脱俗；而壁挂式山水盆景的优势也正在于简洁，立式的盆面有利于表达近山、远山、山气、飞鸟的空濛感与画面感，镌刻在盆板上的诗句与印章也极恰当地赋予盆景以画境文心的品格。壁挂式山水盆景是能够充分展示《饮酒》的诗情画意以及禅趣风格的最佳形式。

于是我在房山石窝镇订制了一个扇面形汉白玉山水盆，与其配套的木支架则不做成规规矩矩的家具式，而是选用了京西门头沟深山里特产的黄荆条老木根疙瘩，由我的朋友、根雕艺术家杨金胜先生精心打制成一个充满自然气息的木托，其天然趣味与陶诗那种清淡素雅的禅趣又有几分贴近。

三、披麻皴造型新技法

至于山石石种，我有意选用了北京花卉市场上容易采购到的砂积石，选择颜色浅黄、质地酥软者。之所以选用此种山石，一是因为其色泽与中国传统山水画中的山石很相似（见图 7-2、图 7-3）；二是因为这种山石质地较软，特别适合于使用电钻换上小直径的金刚锯片，在山石上拉出较为细腻的披麻皴。如果只用小山子手工雕刻，在砂积石上雕不出那么细腻的皴纹；同时由于手工震动力过大，常常导致山石崩裂而前功尽弃。

加工制作程序大致如下：①选择颜色浅黄、质地酥软的砂积石，用小山子手工打凿出山形轮廓。②使用电钻换上小直径的金刚锯片，在山石上拉出较为细腻的披麻皴。③用小山子破一下金刚锯片拉出的披麻皴的机械、人工的痕迹，追求天然的气韵。④此时一定要设计好较大块砂积石背面的种植穴，可以使用电钻换上较粗直径的钻头打凿种植穴，电钻的震动力较小可以避免小山子手工雕凿时常见的山石崩裂现象。⑤用胶将雕凿好的山石组合固定在扇面盆板上，此时一定要把握好主峰、配峰、远峰以及山脚的合理搭配、衔接与空间尺度感。⑥待胶干透之后，再反复比对中国传统山水画中披麻皴的范本，反复修改，精细雕凿（电钻与小山子兼用），直到神似为止。

▲ 图 7-2   ▲ 图 7-3

四、北京盆景小菊老桩的优缺点

　　北京盆景小菊是地道的北京乡土植物，其最大的优势就是取材易，利环保，成型快，成本低。小菊是北京乡土植物，取材和繁殖扦插非常容易，生命力极强，对栽培环境要求不高，体量不大，造型雅，易养活，成本低，非常适合于北京地区阳台露天培养，完全避免了一般树桩盆景上山挖桩、破坏生态环境、毁坏种质资源的负面效应。此外它成型快，周期短。小菊盆景从扦插到成型仅仅需要 5~6 个月的时间，当年即可成型，两三年就可形成老桩。在造型技法上变化多样，直干、斜干、曲干、卧干、悬崖、连根、丛林、水旱、附石、附木、水培等应有尽有，每年还可以变换造型样式，最能适应现代人快节奏的生活，尤其适合于老年朋友莳养。更重要的是盆景小菊繁殖容易、价格便宜，一般平民百姓经济上能够接受。其缺点则是不能长久保留原树造型，不像长寿的松柏类树桩盆景可以存活几十年、甚至几百年。

中国盆景艺术大师于锡昭先生应用植物生理学和栽培学原理，通过特殊的提根技法，使小菊主茎少生或不生脚芽，取得了小菊由传统的宿根花卉作一年生栽培向多年生树木型栽培的重大突破。科研课题组从已有的北京盆景小菊品种中筛选出了 20 余个特别适合制作多年生小菊老桩盆景的新优小菊品种；培育出了一批二三年生的，主干已经明显木质化的，造型、提根俱佳的盆景小菊老桩。老桩的培养是小菊盆景制作的关键，针对多年生原本盆景小菊主干木质化的特色，科研课题组将北京小菊盆景又起了一个更加准确的名称——"北京小菊老桩盆景"。

壁挂式山水盆景《陶渊明笔意》所选用的小菊老桩有以下几个特点：一是主干与枝条的造型屈曲有致、潇洒流畅。因为我们筛选出的盆景小菊老桩的品种必须枝干柔韧、耐剪耐扎、叶型小巧、枝条易出层片；有了这样的优良品种，菊艺造型才能得心应手。二是主干粗壮、霜皮古朴老辣。我们筛选出的小菊品种特别适合制作多年生小菊老桩盆景，经过多年培育，小菊老桩的主干已经明显木质化。三是重视小菊老桩根盘的塑造。本科研课题组应用植物生理学和栽培学原理，通过特殊的提根技法，使小菊主茎少生或不生脚芽，提根栽培技法和剔除脚芽的栽培要求保证了小菊老桩主干能够成活多年，同时也塑造出了北京小菊老桩盆景悬根露爪、嶙峋苍古的艺术特色。图 7-1《太液秋风》的小菊老桩，其根盘抓地有力，饱满传神地表现出了这株五年生小菊老桩顽强的生命力！四是小菊盆景造型对于花型的要求不同于盆花，花朵不在多，关键要有韵味、小巧玲珑、姿韵可人；壁挂式山水盆景《陶渊明笔意》所选用的小菊老桩更要求造型简洁，具有写意性，要像八大山人的画菊花瓶花那样（见图 7-4），是大写意手笔的，精炼简洁的几笔便能传达出菊花生命力的那种灵动与禅趣。五是在花部形态指标上北京盆景小菊老桩选种要求"重点为纽扣型小菊"。所谓纽扣菊就是指花序直径小（花序直径在 2cm 左右），花心大而花瓣短（花瓣可以单瓣，也可以重瓣），花心最好为蜂窝状或托桂状，也可以是一般花心。图 7-5 与图 7-6 是本科研课题组筛选出的一个标准的纽扣型小菊品种——"粉纽扣"，花瓣深粉色，色彩淡雅明快，二层重瓣，花序直径 1.9cm，花心大而花瓣短，花心呈蜂窝状，花柄长度 0.6cm，节间长度 1cm。今后几年科研课题组将重点培育出一批多年生的纽扣型小菊老桩，北京小菊老桩盆景造型对于花型的要求不同于盆花，花部形态关键要有韵味、小巧玲珑、姿韵可人。最终目标是要打造出一个高起点、高水平、高规格的北京小菊老桩盆景的艺术风格。

总之，中国山水盆景创作崇尚天人合一，作为中国传统文化的国粹它应该是生命性与艺术性的完美融合。至于选择小菊老桩这种植物材料也好，或者选择微型木本树

▼ 图 7-4

▲ 图 7-5

▲ 图 7-6

桩的植物材料也好，那要由创作者所拥有的条件、这盆山水盆景的主题立意以及将要参加何种类型的展览来决定；关键是要在一种特定的文化氛围之中，来达到形与神的完美统一。假如观赏者能够从《陶渊明笔意》的这几株小菊老桩的雅姿之中，品味、领悟出陶渊明咏菊诗《饮酒》所蕴含的那种悠闲自得、超凡脱俗的禅趣，我们的目的也就达到了……

令人欣喜的是：大型山水壁挂式小菊盆景《陶渊明笔意》（见图 7-7）荣获北京市第二十九届菊花（市花）展览创新奖，我校学生创作的另外两盆水旱式小菊盆景《读菊》和《福如东海》也同时荣获北京市第二十九届菊花（市花）展览两个二等奖，向社会展示了我校小菊老桩盆景科研课题组的研究成果，无论是在北京盆景小菊老桩的新品种筛选、小菊老桩的造型与养护以及北京小菊老桩盆景的制作风格技法等方面均有独

▲ 图 7-7

到的创新与进步，受到同行及菊花爱好者的关注与好评，扩大了北京市园林学校的知名度。

备注：本文发表于《北京园林》杂志 2009 年第 3 期

全力打造北京传统菊花文化的特色精品
——京味小菊老桩盆景艺术特色发展再探

摘要：文章介绍了"京味小菊老桩盆景"的命名缘由；从遗传育种及栽培养护管理技术措施两个角度深入分析了京味小菊老桩盆景多年生老本的长寿秘诀；举例阐述了京味小菊老桩盆景的五大艺术特色以及进一步发展的方向。

关键词：菊花文化，京味小菊盆景，盆景小菊老桩的长寿秘诀，京味小菊老桩盆景的艺术特色。

1 京味小菊老桩盆景的命名

北京的小菊盆景最早出现于 1963 年北京市园林局在北海公园举办的第六届菊花展览会上，中山公园等单位用小菊制作了小菊盆景（见图 7-8）。当时的制作技术还不完善，解决不了小菊越冬成活的关键性技术，因此当时的小菊盆景只能做为一二年生栽培，使其观赏价值大打折扣[1]。

20 世纪 70 年代，于锡昭先生多次在日坛公园举办菊展，此时期他已筛选培育出了 2~5 年生的小菊盆景品种；发展到 80 年代，小菊老本多年存活的小菊盆景在第一届（1982 年）、第二届（1985 年）全国菊展两度夺魁，产生了积极的影响；1999 年昆明世界园艺博览会上于锡昭的小菊盆景荣获金奖；2000 年 11 月于锡昭小菊盆景个人展览在北京市中山公园蕙芳园成功举办，进一步标志北京小菊盆景走向成熟。此时期于锡昭先生已筛选培育出了主干老本存活 10 年以上的小菊盆景品种[2]。

北京小菊盆景艺术风格的最突出特点就是：主干粗壮、霜皮古朴老辣，于锡昭先生运用独特的栽培技法，取得了盆景小菊由传统的宿根花卉作一年生栽培向多年生树木型栽培的重大突破。《太液秋风》的主景是一株五六年生的小菊老桩，其粗壮的主干已经明显木质化，特别是在主干顶端的一段神枝，为了刻画其木本老干的神韵，笔者还在造型过程中有意运用钩刀雕刻加工了这段精彩的神枝，以突出其老、辣的特色！《太液秋风》荣获第九届中国（2007 中山小榄）菊花展览菊花盆景金奖。

▲ 图 7-8

根据原本多年生盆景小菊主干木质化的特色，笔者将北京小菊盆景又起了一个更加准确的名称——"京味小菊老桩盆景"。

2 京味小菊老桩盆景多年生老本的长寿秘诀

2.1 主干多年生的京味小菊老桩盆景新优品种的生物学特性

老桩的培养是小菊盆景制作的关键。作为宿根花卉的小菊，当年生主干在新一轮脚芽萌发时就会死去，但盆景制作需要小菊有多年生的粗壮主干老桩。为此，摸索适合不同品种在冬季生长脚芽时期保护好主干的栽培技术以及筛选多年生老干不死的小菊老桩品种是本科研课题的一个工作重点。

为了"确定能体现京味小菊盆景艺术风格的、生物性状表现稳定的、生命力强盛的、多年生的北京小菊老桩盆景新优品种"，课题组对 2007 年度和 2008 年度确定的 60 余个盆景小菊品种，从一年生到二年生过渡的冬季春季生长状况，重点是对主干存活率进行了数据统计；发现了一批主干存活率较高的北京盆景小菊老桩新品种。其中主干存活率 100% 的北京盆景小菊老桩品种有 18 个，主干存活率在 60% 以上的北京盆景小菊老桩品种有 35 个。本科研课题组 2008 年筛选出的得分在 85 分以上（优）的

15 个北京小菊老桩盆景新优目标品种，其主干存活率均在 60% 以上。

从主干多年生的小菊老桩品种的生物学特性上来看，菊花是亚灌木，是介于木本植物与草本植物之间的过渡性植物品种；因此，小菊品种自身也应该存在着由一年生草本花卉向多年生木本花卉的过渡。而课题组筛选出的这 16 个主干存活率 100% 的盆景小菊老桩品种应该属于向多年生木本花卉过渡的小菊品种。我们在几年的小菊过冬主干存活率观察中发现：那些小菊过冬主干存活率低的品种，它们的生物学特性更多的是属于草本植物，因为无论你怎样剔除脚芽，它们的主干还是要干枯死亡，不能长成多年生的粗壮古朴的主干老桩。

因此，我们培育盆景小菊多年生的粗壮古朴的主干老桩，只能选择那些过冬时主干存活率在 60% 以上的盆景小菊品种，当然选择过冬时主干存活率 100% 的盆景小菊品种就更有价值了。这就是本科研课题组调查北京小菊老桩盆景新优品种的主干过冬存活率的积极意义，也是本科研课题项目的一个创新点。

其实，主干多年生的北京小菊盆景老桩品种并不是天上掉馅饼轻易得来的，而是于锡昭先生几十年来坚持不懈地杂交育种、栽培筛选的成果。作者在与于大师多年的科研合作、学习观察之中，发现于先生每年 10 月底至 11 月初都要将盛花期的北京小菊盆景老桩当家品种与原产于我国东南地区的芙蓉菊放在一起，这十余株老干嶙峋的芙蓉菊也正在盛开，蜜蜂飞舞正在充当菊花天然杂交的辛勤工作者。据于先生介绍，他从 20 世纪 70 年代就开始利用北京乡土特产的悬崖菊品种及北京小菊品种同我国东南地区特产的芙蓉菊进行天然杂交，通过种子实生苗进行选种。

芙蓉菊 *Crossostephium chinense*（Linn.）Makino，又称白香菊、白艾、海芙蓉、玉芙蓉，产于我国中南及东南部（广东、台湾）。芙蓉菊为菊科常绿亚灌木，高 30~90cm，直立，多分枝。叶互生，质柔、密生于枝顶，叶片匙形或刀披针形，长 2~4cm，两面密被白色绒毛，具有芳香气味。植株银装素裹，为绿色植物类群中少有的"白叶植物"。秋至冬季开花，头状花序像金黄色的小球，直径生于上部叶腋内，具柄。芙蓉菊多野生于基岩海岸的岩石缝和崖壁上。

芙蓉菊是菊科的常绿亚灌木，其多年生主干苍劲古朴、粗壮老辣，盆景界人士也常用它来制作树桩盆景，图 7-9、图 7-10 是中国第七届盆景展览参展的两盆芙蓉菊

▲ 图 7-9   ▲ 图 7-10

树桩盆景。于锡昭先生选中芙蓉菊做为其小菊杂交育种的父本，一个是因为芙蓉菊花茎小，仅在 1cm 直径以内；另一个最主要的原因就是芙蓉菊是菊科的木本植物，通过天然杂交，完全可以让京味小菊老桩盆景品种的遗传基因中注入更多苍劲古朴的亚灌木木质化的生物学特性。

2.2 京味小菊老桩盆景冬季的关键养护管理技术措施

小菊本是多年生宿根花卉，在北京自然条件的情况下，每年地上部分都会在冬季枯死，以脚芽自然更新。那么怎样才能使主干多年不死而成灌木栽培呢？以提根技法（在菊苗根茎下端垫一圆形石子）提高菊根生长点，以便随时剔除脚芽，保留枝杈上的萌芽生长就是其诀窍，即京味小菊老桩盆景冬季的关键养护管理技术措施。

具体做法是：小菊盆景秋末花谢后，应换一次盆。换盆时剪除干枝残花以及过长和腐烂的根，用砂壤营养土将小菊老桩栽培在浅瓦盆中，栽种时菊桩根茎下端要垫一圆状瓦片或石子，这种提根技法使小菊萌蘖脚芽的生长点向上提升，以便随时剔除脚芽。

过冬盆景菊桩应在10月底或11月初寒流到来之前尽早搬入室内，放置在5~15℃的、通风向阳的冷室内养护，随时剔除脚芽，只留枝杈上的萌芽。根部不再萌动脚芽，可以促进菊桩营养集中提供小菊盆景主干，从而给主干带来长久的生机，取得了小菊由传统的宿根花卉做一年生栽培向菊桩老茎做多年生树木型栽培的重大突破。提根栽培技法和剔除脚芽的栽培要求保证了小菊老桩主干能够存活多年，同时也塑造出了京味小菊老桩盆景悬根露爪、嶙峋苍古的艺术特色。

3 京味小菊老桩盆景的艺术特色

京味小菊是北京乡土植物，取材和繁殖扦插非常容易，生命力极强，对栽培环境要求不高，体量不大，造型雅，易养活，成本低，非常适合于北京地区阳台露天培养，完全避免了一般树桩盆景上山挖桩、破坏生态环境、毁坏种质资源的负面效应。此外它成型快，周期短。京味小菊盆景从扦插到成型仅仅需要5~6个月的时间，当年即可成型，两三年就可形成老桩。在造型技法上变化多样，直干、斜干、曲干、卧干、悬崖、连根、丛林、水旱、附石、附木、水培等应有尽有，每年还可以变换造型样式，最能适应现代人快节奏的生活，尤其适合于老年朋友莳养。更重要的是盆景小菊繁殖容易、价格便宜，一般平民百姓经济上能够接受。

京味小菊老桩盆景的艺术特色主要有以下五点：

3.1 主干粗壮、霜皮古朴老辣

关于北京多年生原本盆景小菊主干木质化的艺术特色，上文已经谈过，不再赘述。

3.2 重视小菊老桩根盘的塑造

提根栽培技法和剔除脚芽的栽培要求保证了小菊老桩主干能够成活多年，同时也塑造出了京味小菊盆景悬根露爪、嶙峋苍古的艺术特色。《太液秋风》的小菊老桩，

京味
小菊老桩盆景

其根盘抓地有力，饱满传神地表现出了这株五六年生小菊老桩顽强的生命力！

于锡昭先生的"水平根系培养法"是在小菊扦插苗分盆栽入泥瓦盆时，在其根部垫放一块山石或小瓦片。此种提根栽培法的最大毛病是菊苗根部不稳定，特别是浇水后菊苗常会整株倒伏，影响小菊的健康生长。

科研课题组经过几年的小菊提根造型试验，发明了一种新型的小菊提根栽培法：分盆栽培小菊扦插苗时，也可以不在根部垫放山石或小瓦片，而是直接栽于培养土中；此种栽培方法有利于小菊植株的稳定性，但在菊苗生长过程中必须随时注意剔除根部萌发的脚芽，以利于主干的增粗生长；6月中旬在小菊苗分盆定植后长到20cm左右高度时，结合第一次主干造型定型，选合适的山石垫放于小菊根部，以便培养小菊盘根绕石、悬根露爪的根部艺术形象。

具体做法是：6月中旬在小菊苗长到20cm左右高度时，将菊苗从培养土中撬出，此时菊苗的根系已很旺盛发达；用一根铝丝将一头缠绕在山石上，拧紧固定，将山石垫放在原瓦盆的土堆上，将撬出的菊苗放在山石上，侧根向四周伸展，以便将来向水平方向发展；然后用固定在山石上的铝丝缠绕菊苗的主干，将小菊主干拿弯造型。最后用培养土盖住山石及菊苗，压实土壤并浇透水。

此种新型的小菊提根栽培法可以一举三得：①小菊根盘的提根造型；②小菊主干的拿弯造型；③牢牢将小菊桩子固定在山石上，不至于因小菊植株的摇摆不稳而影响小菊的健康生长。

3.3　注重小菊枝条与层片的造型

注重小菊枝条与层片的造型，苍劲老辣的主干再配以潇洒流畅的枝条，整株菊树枝干与层片巧妙得体的章法布局往往能令欣赏者百看不厌、回味无穷；这是普通的、粗放式管理的小菊盆花所无法比拟的，也正是北京小菊老桩盆景的艺术魅力之所在！盆景小菊的枝干与层片的线条美绝不是天生长出来的，而是靠栽培者在小菊老桩的生长季不断进行精心的造型与修剪，细腻地处理好每一个枝条及花芽。《团城探海》（见第五章图5-24）中的那株模仿北海团城探海松树的小菊老桩，其临水探海式的主干造型完全是在其生长季节通过铝丝攀扎定向造型才逐步塑造出来的；其相对集中的两组花枝层片组合也是栽培者精心修剪取舍的成果。图7-11《对松畅饮》是北京市盆景协会小

菊盆景专业委员会老会员左鹏的作品，三组枝片造型恰好组合成一个不等边三角形构图，精心的枝条与层片造型潇洒流畅，妙不可言！

3.4 追求高层次的文化品位与充满个性的乡土特色

京味小菊盆景的成型作品不同于普通的菊花盆栽，它追求高层次的文化品位与充满个性的乡土特色，擅长表现小菊造型者的心声。《老有所乐》（见图 7-12）在一个自然曲线的汉白玉砚式山水盆里，植一株姿态向右倾斜的小菊老桩，菊桩粗壮而充满生机；树荫下一对老夫妇正在吹拉弹唱、自娱自乐；岸边几只白鹅仿佛也被老俩口那幸福的恩爱情趣所感动，伸脖张望。

在第九届中国菊花展览（2007 中山小榄）会上，北京市园林学校菊花艺术布置展台的主打作品是一组水旱式小菊老桩盆景——"京味皇家园林文化畅想系列"，本系列小菊盆景尝试从北京皇家园林文化的传统沃土中，寻找并丰富当代北京菊艺创作的题材；这一组四个水旱式小菊老桩盆景各自的题名为《太液秋风》《曲水流觞》《团城探海》《仙人承露》，运用房山汉白玉石盆与北京特产燕山石制作的水旱式小菊盆景，表

◀ 图 7-12

现的主题是北京皇家园林文化的迷人风韵，尝试在小菊盆景创作中打造"京人、京石、京菊、京腔、京韵、京味"的北京乡土特色。特别是这组水旱式小菊老桩盆景摆放在蓝底蓝墙的展台之上，背景干净清爽、大大方方，越发映衬出其高雅脱俗的文化品位，陈列展示效果极佳（参见第五章图 5-26）。

3.5　在花部形态指标上京味盆景小菊选种要求"重点为纽扣型小菊"

所谓纽扣菊就是指花序直径小（花序直径在 2cm 左右），花心大而花瓣短（花瓣可以单瓣，也可以重瓣），花心最好为蜂窝状或托桂状，也可以是一般花心。图 7-5、

图 7-6 是本科研课题组筛选出的一个标准的纽扣型小菊品种——"粉纽扣"，花瓣深粉色，色彩淡雅明快，二层重瓣，花序直径 1.9cm，花心大而花瓣短，花心呈蜂窝状，花柄长度 0.6cm，节间长度 1cm。今后几年科研课题组将重点培育出一批多年生的纽扣型小菊老桩，京味小菊老桩盆景造型对于花型的要求不同于盆花，花部形态关键要有韵味、小巧玲珑、姿韵可人。最终目标是要打造出一个高起点、高水平、高规格的京味小菊老桩盆景的艺术风格。

4 亟待研究的工作

2010 年北京市公园管理中心科研课题《北京小菊老桩盆景研究》就该结题了，但笔者似乎觉得研究才刚刚入门，亟待研究的工作还很多，诸如筛选培育株高在 40cm 以上的大型京味小菊老桩盆景的新优品种；筛选培育盛花期在十一国庆节的京味小菊老桩盆景的新优品种；举办一次能够真正体现京味小菊老桩盆景艺术风格的高水平、高规格的菊花盆景展览；将已经筛选定型的重阳节开放的小型京味小菊老桩盆景新优品种推向市场，对京味小菊老桩盆景作品进行精心的文化包装，打造成重阳节文化礼品特色花卉；等等。

参 考 文 献

[1] 王静等. 北京栽培菊花的历史. 北京：中国计量出版社，1999，78~79.

[2] 陈秀中. 不懈探索　再创辉煌——北京小菊盆景艺术特色发展初探. 2007 中国（中山小榄）国际菊花研讨会论文集，2007，115-119.

备注：本文 2010 年 10 月发表于《2010 中国（开封）第二届国际菊花研讨会论文集》

京味盆景小菊优良品种评价指标量化体系初探

摘要：国内外小菊的品种很多，但大多用于地被菊、盆栽菊、切花菊、茶用菊等方面，真正用于盆景菊的选种育种科研项目很少，作者从 2007 年至 2010 年主持研究了北京市公园管理中心科研课题《京味小菊老桩盆景研究》，获得了 2010 年度北京市公园管理中心科技进步二等奖。 为了从我们搜集的大量盆景菊品种里筛选出理想的用于制作原本菊小菊盆景的优良小菊品种，我们根据京味小菊老桩盆景在造型、观赏、种植养护等方面的具体要求，制定了"京味盆景小菊优良品种评价指标量化体系"。

关键词：京味小菊老桩盆景；优良品种筛选；盆景小菊品种评价指标量化体系

通讯作者：邮箱 1029926374@qq.com

国内外小菊的品种很多，但大多用于地被菊、盆栽菊、切花菊、茶用菊等方面，真正用于盆景菊的选种育种科研项目很少，笔者从 2007 年至 2010 年主持研究了北京市公园管理中心科研课题《京味小菊老桩盆景研究》，获得了 2010 年度北京市公园管理中心科技进步二等奖。 为了从我们搜集的大量盆景菊品种里筛选出理想的用于制作原本菊小菊盆景的优良小菊品种，我们根据京味小菊老桩盆景在造型、观赏、种植养护等方面的具体要求，制定了"小菊盆景优良品种评价指标"，文字描述如下：

科研课题针对北京小菊老桩盆景特殊要求以及市场需求，筛选培育盛花期在 10 月 11 月份开花，特别是盛花期在传统重阳节开花的京味小菊盆景新优品种（重点为纽扣型）8~10 个。品种要求：花径 2.5cm 左右，花心大，花型好，着花数量多，花色淡雅明快；花柄短、节间短，株型紧凑，观赏效果好；主干粗壮、姿态挺拔、主干直径生长速度快，能够快速成型，小菊老桩主干能够成活多年；提根后根系发达，根盘造型丰满；

枝干柔韧、耐剪耐扎、叶型小巧、枝条易出层片；株高 10~50cm，能够适应不同规格盆景要求，少病虫害、管理简便、适合于制作京味小菊老桩盆景的小菊盆景新优品种。

运用上述"小菊盆景优良品种评价指标"，我们对搜集来的大量盆景菊品种进行了筛选，初步筛选出有价值的盆景菊品种 70 余个。在筛选的过程中，我们发现必须有具体的量化评价指标才能使筛选更为准确、科学与合理。通过连续两年对现有 70 余个北京盆景小菊品种的生物学性状的细致记录观察，针对京味小菊老桩盆景在造型、观赏、种植养护等方面对品种特性的具体要求，我们制定了 5 项一级评价指标和 11 项二级具体评价指标，并对其进行量化，采用分项分等级打分而计算其总分的方法，来对北京小菊老桩盆景的品种性状进行量化评价，从现有的 70 余个品种中进行筛选，最终筛选出了评分在 85 分以上（优）的京味小菊老桩盆景优良品种 15 个（表 7-1）。

表 7-1　京味小菊老桩盆景品种评价指标量化体系总体构思

一级指标 （分值）	二级指标 （分值）	等级		
		好	一般	差（分值）
花部形态 （36）	花序直径小（9）	9	6	3
	花心大（9）	9	6	3
	花型好（8）	8	5	3
	色彩淡雅（10）	10	6	3
主干造型 （28）	主干粗（10）	10	6	3
	枝干柔韧度强（8）	8	5	3
	主干存活率高（10）	10	6	3
枝叶形态 （16）	叶型小巧（8）	8	5	3
	节间短（8）	8	5	3
根盘造型 （10）	根盘发达（10）	10	6	3
生长势 及抗性 （10）	生长势好（10）	10	6	3

"京味小菊老桩盆景优良品种评价指标量化体系"主要从以下六大方面进行具体描述。

1 花部形态指标的量化评分

小菊盆景造型对于花型的要求不同于盆花，关键要有韵味、小巧玲珑、姿韵可人。本科研课题的盆景小菊选种要求"重点为纽扣型小菊"，所谓纽扣菊就是指花序直径小（花序直径在 2.5cm 左右），花心大而花瓣短（花瓣可以单瓣，也可以重瓣），花心最好为蜂窝状或托桂状，也可以是一般花心。

上述"花部形态指标"在"2008 年北京盆景小菊老桩品种评价指标体系量化评分表"中又进一步细化为以下四项具体指标：

（1）花序直径大小：花序直径在 2.5cm 内，9 分；花序直径在 2.5~3cm 内（不含2.5cm），6 分；花序直径在 3~5cm 内（不含 3cm），3 分。

（2）花心大小：花心大（花心直径大于或等于 2 倍外层花瓣长度）（蓟瓣也属于花心大），9 分；花心一般（花心直径小于 2 倍外层花瓣长度），6 分；花心小（花心不明显），3 分。

（3）花型：花型奇特，为蜂窝型、蓟瓣型、针管型、管匙型，8 分；花型为纽扣，花心大，花瓣短，5 分；花型一般，花心小，花瓣长，3 分。

（4）色彩：色彩淡雅、明快，10 分；色彩一般、不明快，6 分；色彩暗淡、发旧，3 分。

2 主干造型指标的量化评分

北京小菊盆景艺术风格的最突出特点就是主干粗壮、霜皮古朴老辣，于锡昭先生运用独特的栽培技法，取得了盆景小菊由传统的宿根花卉作一年生栽培向多年生树木型栽培的重大突破。本课题要求在造型上要选育出主干粗壮、主干直径生长速度快、姿态挺拔、枝干柔韧度强的品种，以及筛选多年生老干不死的小菊老桩品种。

上述"主干造型指标"在"2008 年北京盆景小菊老桩品种评价指标体系量化评分表"中又进一步细化为以下三项具体指标：

（1）主干直径：一年生小菊主干直径（直径测量在地面以上 4cm 处）在 0.8cm 以上，10 分；一年生小菊主干直径在 0.5~0.79cm 以内，6 分；一年生小菊主干直径在 0.49cm 以下，3 分。

（2）枝干柔韧度：枝干柔韧度强，8 分；枝干柔韧度一般，5 分；枝干柔韧度差，易断，3 分。

（3）多年生主干存活率：一年生小菊过冬主干存活率在 60% 以上，10 分；一年生小菊过冬主干存活率在 30%~59% 以内，6 分；一年生小菊过冬主干存活率在 29% 以下，3 分。

3　枝叶形态指标的量化评分

本课题要求品种要叶型小巧、节间短、花柄短、耐剪耐扎、枝条易出层片。这是因为小菊盆景的造型要求不同于盆花造型，关键要有韵味与姿态。小菊盆景的姿态除了要靠小巧玲珑、姿韵可人的花朵来表现之外，更重要的是靠小菊枝干与层片的线条美来体现，苍劲老辣的主干再配以潇洒流畅的枝条，整株菊树枝干与层片巧妙得体的章法布局往往能令欣赏者百看不厌、回味无穷；这是普通的小菊盆花所无法比拟的，也正是小菊盆景的艺术魅力之所在。

上述"枝叶形态指标"在"2008 年北京盆景小菊老桩品种评价指标体系量化评分表"中细化、量化为以下两项具体指标：

（1）叶型大小：叶长度在 2.5cm 内，8 分；叶长度在 2.5~3.5cm（不含 2.5cm），5 分；叶长度在 3.5cm 以上（不含 3.5cm），3 分。

（2）节间长度：节间长度在 1cm 内，8 分；节间长度在 1~1.5cm（不含 1cm），5 分；节间长度在 1.5cm 以上（不含 1.5cm），3 分。

4　根盘造型指标的量化评分

提根栽培技法和剔除脚芽的栽培技术保证了小菊老桩主干能够成活多年，同时也塑造出了北京小菊老桩盆景悬根露爪、嶙峋苍古的艺术特色，我们特别重视小菊老桩根盘的塑造，要求小菊老桩其根盘悬根露爪、抓地有力，饱满传神地表现出小菊老桩顽强的生命力。

上述"根盘造型指标"在"2008年北京盆景小菊老桩品种评价指标体系量化评分表"中确定了以下一项具体指标：

提根后根盘造型发达程度：提根后根盘造型发达，10分；提根后根盘造型一般，6分；提根后根盘造型差，3分。

5 抗性培育指标的量化评分

要求选育出适宜于阳台养护、生命力强盛、无病虫害、管理粗放的盆景小菊新优品种。考虑到盆景小菊的栽培环境主要是居民阳台的露天空间，因此小菊品种一定要生命力强盛、无病虫害，适宜于粗放管理，这样的盆景小菊品种才是京城百姓喜闻乐见的。

上述"抗性培育指标"在"2008年北京盆景小菊老桩品种评价指标体系量化评分表"中确定了以下一项具体指标：

生长势及抗性：生长势好，10分；生长势一般，6分；生长势差，3分。

6 株型株高选择指标的量化评分

要求选育出在株型上包括可用于制作微型、中小型、大型盆景的不同规格的盆景小菊品种。在"2008年北京盆景小菊老桩品种评价体系的量化评分"中首先将盆景小菊品种分出四种规格类型，即微型（株高在15cm以下）；中小型（株高在16~40cm之间）；大型（株高在41cm以上）；藤本型（主干不粗壮，但主干擅长附干缠绕生长）四个类型。然后再按照制定的11项具体量化指标，采用分项分等级打分而计算其总分的方法，来对北京小菊老桩盆景的已有品种进行量化评价。在2008年的盆景小菊品种中，获中小型品种46个、大型品种13个、藤本型品种4个。

最后将各性状量化评分情况总结如表7-2。

表 7-2　京味小菊老桩盆景优良品种评价指标体系的量化评分表

评价指标	分项评价指标	分值	评价指标	分项评价指标	分值
花径大小	花序直径在 2.5cm 内	9	多年生主干存活率	一年生小菊过冬主干存活率在 60% 以上	10
	花序直径在 2.5~3cm 内（不含 2.5cm）	6		一年生小菊过冬主干存活率在 30%~59% 以内	6
	花序直径在 3~5cm 内（不含 3cm）	3		一年生小菊过冬主干存活率在 29% 以下	3
花心大小	花心大（花心直径大于或等于 2 倍外层花瓣长度）（蓟瓣也属于花心大）	9	叶形	叶长度在 2.5cm 内	8
	花心一般（花心直径小于 2 倍外层花瓣长度）	6		叶长度在 2.5~3.5cm 内（不含 2.5cm）	5
	花心小（花心不明显）	3		叶长度在 3.5cm 以上（不含 3.5cm）	3
花型	花型奇特，为蜂窝型、蓟瓣型、针管型、管匙型	8	节间长度	节间长度在 1cm 内	8
	花型为纽扣，花心大，花瓣短	5		节间长度在 1~1.5cm 内（不含 1cm）	5
	花型一般，花心小，花瓣长	3		节间长度在 1.5cm 以上（不含 1.5cm）	3
色彩	色彩淡雅、明快	10	根盘造型	提根后根盘造型发达	10
	色彩一般、不明快	6		提根后根盘造型一般	6
	色彩暗淡、发旧	3		提根后根盘造型差	3

评价指标	分项评价指标	分值	评价指标	分项评价指标	分值
主干直径	一年生小菊主干直径在 0.8cm 以上	10	生长势及抗性	生长势好	10
	一年生小菊主干直径在 0.5~0.79cm 以内	6		生长势一般	6
	一年生小菊主干直径在 0.49cm 以下	3		生长势差	3
枝干柔韧度	枝干柔韧度强	8			
	枝干柔韧度一般	5			
	枝干柔韧度差，易断	3			

《京味小菊老桩盆景研究》科研课题筛选出的 15 个京味小菊老桩盆景优良品种，经过最近两年的观察，有 3 个品种表现非常稳定而且出色，它们是：

1. 06–10–16–11（拟命名"黄龙腾跃"）

盛开时花瓣为明黄色。

花心直径 0.87cm，黄色。

花径 1.6cm，2 层重瓣。

花柄长度 2cm，节间 0.4cm。

着花数量多，株型较为丰满。

叶色深绿，叶长 1.4cm，叶宽 0.8cm。叶子小，自然成枝片。

株高 42cm，冠幅为 30/14cm，一年生茎粗 1.07cm；适合于制作中小型盆景。

提根后根系发达程度好，脚芽少；枝干柔韧度强。

从一年生到二年生过渡主干存活率为 100%。

该品种花期从 10 月 16 日至 11 月 3 日，花期 20 天。特别适合重阳节期间的花展。

该品种量化评分成绩为 97 分。拟命名为"京味小菊老桩盆景 2 号——黄龙腾跃"。针对京味老桩盆景小菊的要求对该品种性状进行列表描述如下：

名称	06-10-16-11		拟命名	黄龙腾跃			
植株高度	42cm	着花数量	多	脚芽量	少	量化评分	97
外层花瓣层数		2 层	外层瓣长	0.3cm	老干存活率		100%
花型		蜂窝状	花期	10 月 16 日～11 月 3 日			
花序直径	1.6cm	花色	明黄色	花心直径	0.87cm	花心颜色	黄色
花柄长度	2cm	节间距	0.4cm	冠幅	30/14cm		
叶色	深绿	叶长	1.4cm	叶宽	0.8cm	一年生茎粗	1.07cm
提根后根系发达情况		发达	枝干柔韧度	强			

2. 06-10-16-21（拟命名"奶油小生"）

盛开时花瓣为乳白色。

花心直径 0.45cm，黄色，呈蜂窝状。

花径 1.4cm，多层重瓣。

花柄长度 1.2cm，节间 0.4cm。

着花数量多，层片感强，适宜于小菊盆景的枝片造型。

叶色深绿，叶长 2.06cm，叶宽 1.74cm。叶子小，自然成枝片。

株高 48cm，冠幅为 38/34cm，一年生茎粗 1.07cm；适合于制作中型盆景。

提根后根系发达程度好，脚芽少；枝干柔韧度极强。

从一年生到二年生过渡主干存活率为 75%。

该品种花期从 10 月 9 日至 11 月 3 日，花期 25 天。特别适合重阳节期间的花展。

该品种量化评分成绩为 88 分。拟命名为"京味小菊老桩盆景 3 号——奶油小生"。

针对京味老桩盆景小菊的要求对该品种性状进行列表描述如下：

名称	06-10-16-21	拟命名		奶油小生		
植株高度	48cm	着花数量	多	脚芽量	少	量化评分	88
外层花瓣层数		多层	外层瓣长	0.35	老干存活率		75%
花型		蜂窝状	花期	10月9日~11月3日			
花序直径	1.4cm	花色	乳白色	花心直径	0.45cm	花心颜色	黄色
花柄长度	1.2cm	节间距	0.4cm	冠幅	38/34cm		
叶色	深绿	叶长	2.06cm	叶宽	1.74cm	一年生茎粗	1.07c
提根后根系发达情况		发达	枝干柔韧度	极强			

3. 06-10-16-4（拟命名"广阳少女"）

盛开时花瓣为粉色，开花味香。

花心直径 0.8cm，黄色。

花径 1.8cm，二层重瓣。

花柄长度 1.9cm，节间 0.4cm。

着花数量较多，株型较为丰满，层片感强，适宜于小菊盆景的枝片造型。

叶色浅绿，叶色有白蒿银色痕迹，叶长 3.8cm，叶宽 2.6cm。

株高 32cm，冠幅为 27/25cm，一年生茎粗 1.06cm；适合于制作中小型盆景。

提根后根系发达程度好，脚芽少；枝干柔韧度极强。

从一年生到二年生过渡主干存活率为 98%。

花期从 10 月 16 日至 11 月 3 日，花期 20 天。特别适合重阳节期间的花展。

该品种量化评分成绩为 87 分。拟命名为"京味小菊老桩盆景 4 号——广阳少女"。

针对京味老桩盆景小菊的要求对该品种性状进行列表描述如下：

名称	06-10-16-4		拟命名	广阳少女			
植株高度	32cm	着花数量	较多	脚芽量	少	量化评分	87
外层花瓣层数		2层	外层瓣长	0.45cm	老干存活率		98%
花型		蜂窝状	花期	10月16日~11月3日			
花序直径	1.8cm	花色	粉色	花心直径	0.8cm	花心颜色	黄色
花柄长度	1.9cm	节间距	0.4cm	冠幅	27/25cm		
叶色	浅绿	叶长	3.8cm	叶宽	2.6cm	一年生茎粗	1.06cm
提根后根系发达情况		发达	枝干柔韧度	极强			

　　2012年从春季到秋季笔者在天坛公园菊花班又培养了几十株京味小菊盆景，以验证本书的科研成果，在这个小菊盆景完整的生长季中经过与天坛菊花班尹佳鹏菊艺师的交流，又对"京味盆景小菊优良品种评价指标量化体系"进行了两处修改。

　　在"花部形态指标"加入一项二级指标，即"着花数量"；在"枝叶形态指标"加入一项二级指标，即"花柄长度"。因为只有节间短、花柄短、叶型小巧、着花数量多，才能形成"一层花一层叶"的丰满紧凑的小菊盆景枝片造型。因此在"小菊盆景优良品种评价指标"里必须加入"着花数量多""花柄长度短"这两项量化指标，筛选才更为准确、科学、全面与合理。

　　于是作者又对表7-1所示的"京味小菊老桩盆景品种评价指标量化体系"总体构思进行了修改，详见表7-3；对表7-2所示的"京味小菊老桩盆景优良品种评价指标体系的量化评分表"同样进行了修改，详见表7-4。

京味
小菊老桩盆景

表 7-3　京味小菊老桩盆景品种评价指标量化体系总体构思

一级指标 （分值）	二级指标 （分值）	等级		
		好	一般	差（分值）
花部形态 （34）	花序直径小（8）	8	5	3
	花心大（6）	6	4	2
	花型好（6）	6	4	2
	色彩淡雅（8）	8	5	3
	着花数量（6）	6	4	2
主干造型 （28）	主干粗（10）	10	6	3
	枝干柔韧度强（8）	8	5	3
	主干存活率高（10）	10	6	3
枝叶形态 （18）	叶型小巧（6）	6	4	2
	节间短（6）	6	4	2
	花柄短（6）	6	4	2
根盘造型 （10）	根盘发达（10）	10	6	3
生长势及抗性 （10）	生长势好（10）	10	6	3

表 7-4　京味小菊老桩盆景优良品种评价指标体系的量化评分表

评价 指标	分项评价指标	分值	评价 指标	分项评价指标	分值
花径 大小	花序直径在 2.5cm 内	8	多年生 主干存 活率	一年生小菊过冬主干存活率在 60% 以上	10
	花序直径在 2.5~3cm 内（不 含 2.5cm）	5		一年生小菊过冬主干存活率在 30%~59% 以内	6
	花序直径在 3~5cm 内（不含 3cm）	3		一年生小菊过冬主干存活率在 29% 以下	3

评价指标	分项评价指标	分值	评价指标	分项评价指标	分值
花心大小	花心大（花心直径大于或等于2倍外层花瓣长度）（蓟瓣也属于花心大）	6	叶形	叶长度在2.5cm内	6
	花心一般（花心直径小于2倍外层花瓣长度）	4		叶长度在2.5~3.5cm内（不含2.5cm）	4
	花心小（花心不明显）	2		叶长度在3.5cm以上（不含3.5cm）	2
花型	花型奇特，为蜂窝型、蓟瓣型、针管型、管匙型	6	节间长度	节间长度在1cm内	6
	花型为纽扣，花心大，花瓣短	4		节间长度在1~1.5cm内（不含1cm）	4
	花型一般，花心小，花瓣长	2		节间长度在1.5cm以上（不含1.5cm）	2
色彩	色彩淡雅、明快	8	花柄长度	花柄长度在2cm内（含2cm）	6
	色彩一般、不明快	5		花柄长度在2~3cm内（含3cm）	4
	色彩暗淡、发旧	3		花柄长度在3cm以上（不含3cm）	2
着花数量	着花数量多（或较多）	6	根盘造型	提根后根盘造型发达	10
	着花数量一般（或中等）	4		提根后根盘造型一般	6
	着花数量少	2		提根后根盘造型差	3
主干直径	一年生小菊主干直径在0.8cm以上	10	生长势及抗性	生长势好	10
	一年生小菊主干直径在0.5~0.79cm以内	6		生长势一般	6
	一年生小菊主干直径在0.49cm以下	3		生长势差	3
枝干柔韧度	枝干柔韧度强	8			
	枝干柔韧度一般	5			
	枝干柔韧度差，易断	3			

京味小菊盆景具有擅长于传达文化意蕴的作用，通过京味小菊老桩盆景的研究，可以主动积极地向全社会宣传、推荐最具民族文化特质的中华传统名花菊花的深厚历史文化底蕴，全力打造北京传统菊花文化的特色精品。我国自古以来重阳节就有登高、插茱萸、赏菊、咏菊、喝菊花酒、饮菊花茶、簪菊花等风俗，唐代孟浩然《过故人庄》"待到重阳日，还来就菊花"等大量重阳赏菊的诗篇流传至今。此外，因为"九"在个位数中最大，九又跟"长久"谐音，所以重阳节还含有恭祝健康长寿、尊老爱老的含义，我国在1989年将重阳节定为老人节、敬老节。当今我国已经进入了老龄化社会，在重阳节将已经筛选定型的重阳节开放的小型京味小菊老桩盆景新优品种打造成重阳节文化礼品特色花卉送给老人，既表达了一份孝心，也给他们一份精神寄托，同时也传承了中华传统名花菊花的深厚历史文化底蕴。

深入挖掘最具民族文化特质的中华传统名花菊花的深厚历史文化底蕴，将京味小菊老桩盆景这支中国菊花艺术的奇葩打造成中国传统节日重阳节的特色文化礼品花卉，是完全可能的。让我们共同努力，为中国菊花大发展摸索出一条文化搭台、科研创新、产业受益的可持续发展之路！

备注：本文2013年10月发表于《2013中国（北京）第三届国际菊花研讨会论文集》

第八章 小菊盆景制作的必备工具与材料

東味 小菊老桩盆景

1. **叶芽剪**：用于修剪较细的枝条与叶子。

2. **枝剪**：用于修剪较粗、较硬的枝条。

3. **剪口钳**：用于剪铝丝。

4. **老虎钳**：用于扎敷铝丝。

5. **刮皮刀**：在制作神枝时用于刮拨枝干树皮。

6. **土铲**：用于换盆时铲营养土。

7. **竹签**：用于换盆时插紧盆土。

8. **竹棍**：用于竹棍扭曲法为小菊主干拿弯造型时必备的材料。

9. **铝丝**：用于蟠扎小菊主干和枝条、以及拉吊小菊枝条时必备的材料。常用型号为直径 2mm\1.5mm\1.0mm 三种型号的铝丝。

10. **京味小菊老桩盆景优良品种**：品种要求——花径 2.5cm 左右，花心大，花型好，花色淡雅明快；花柄短、节间短，株型紧凑，观赏效果好；主干粗壮、姿态挺拔、主干直径生长速度快，能够快速成型，小菊老桩主干能够成活多年；提根后根系发达，根盘造型丰满；枝干柔韧、耐剪耐扎、叶型小巧、枝条易出层片；株高 10~50cm，能够适应不同规格盆景要求，少病虫害、管理简便、适合于制作京味小菊老桩盆景的小菊盆景优良品种。《京味小菊老桩盆景研究》科研课题组筛选培育出的 8 个京味小菊老桩盆景优良品种，是特别适合于制作小菊盆景的植物材料（品种介绍详见第二章）。

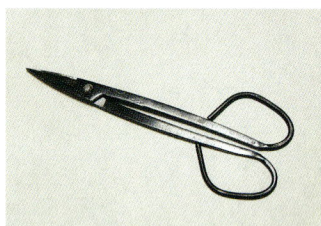
1. 叶芽剪

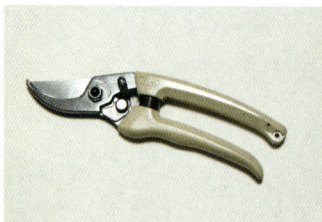
2. 枝剪

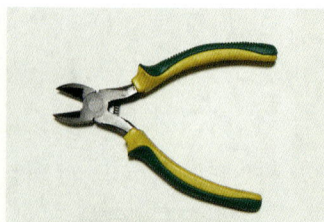
3. 剪口钳

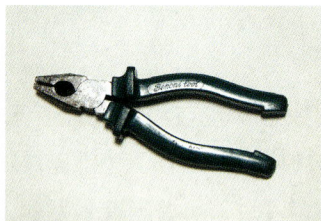
4. 老虎钳

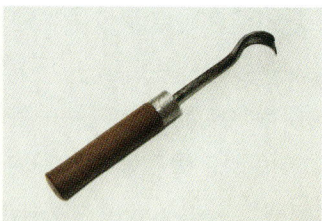
5. 刮皮刀

6. 土铲

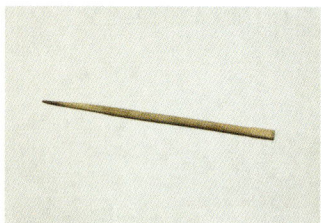
7. 竹签

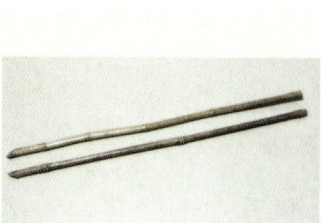
8. 竹棍

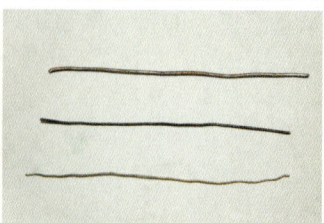
9. 铝丝

第九章 小菊盆景制作的一年栽培周期表

1 月

● 小菊盆景桩子已搬入温室，温度保持在 5~15℃、通风向阳。

● 继续选优良小菊老桩根茎部长势茁壮的脚芽进行扦插繁殖。

● 上月扦插的脚芽，叶芽开始萌动，此时即已生根，说明扦插成功，可分盆栽培养护。

● 小菊老桩随时剔除脚芽，只留枝杈上的萌芽。

2 月

● 栽培养护内容同 1 月。

● 温室内须防蚜虫，如枝叶上有蚜虫常用氧化乐果 1000~1500 倍液喷治。

3 月

● 上年 11 月陆续扦插成活、分盆栽培养护的小菊应注意肥水管理，菊苗上盆后 1 个月，根据小菊长势酌情追肥，酌情每 7 天或 15 天追加 0.2% 尿素肥水一次。

● 在 3~5 月当小菊苗分盆定植后长到 30cm 左右高度时，开始主干蟠扎造型。根盘提根造型也可同时进行。

4 月

● 4 月中旬将小菊移出温室，摆放在通风向阳、排水通畅的室外用地。

● 继续小菊的主干蟠扎造型、根盘提根造型。

● 注意肥水管理，根据小菊长势酌情追肥，每星期或 15 天交替追加 0.2% 尿素肥水与矾肥水一次。

● 主干拿弯造型 1~2 个月以后，在 4 月下旬至 5 月上旬将菊桩从小瓦盆换至中瓦盆，重新换营养土，小心摘取去掉造型铝丝，剪去多余枝条及损伤的叶片。此时小菊主干拿弯造型基本定型。

● 4~7 月可以利用多年生盆景小菊老桩为砧木嫁接新优品种小菊接穗。

5 月

● 继续小菊的主干蟠扎造型。主干拿弯造型 1~2 个月以后，在 4 月下旬至 5 月上旬将菊桩从小瓦盆换至中瓦盆，重新换营养土，小心摘取去掉造型铝丝，剪去多余枝条及损伤的叶片。此时小菊主干拿弯造型基本定型。

● 须防蚜虫，如枝叶上有蚜虫常用氧化乐果 1000~1500 倍液喷治。

- 注意肥水管理，根据小菊长势酌情追肥，每 7 天或 15 天交替追加 0.2% 尿素肥水与矾肥水一次。

6 月

- 继续小菊的主干蟠扎造型。
- 注意肥水管理，根据小菊长势酌情追肥，每 7 天或 15 天交替追加 0.2% 尿素肥水与矾肥水一次。
- 6 月中上旬将菊桩从中瓦盆换至大瓦盆，重新换营养土。

7 月

- 须防蚜虫，如枝叶上有蚜虫常用氧化乐果 1000~1500 倍液喷治。
- 天气最热的 7~8 月酌情停止施用追肥，或根据生长情况略施稀薄沤制液肥。
- 要注意及时摘心与整形，使其按理想的造型姿态生长发展。7~8 月要增加枝片摘心平头的次数，摘心平头的次数越多，枝片的侧芽萌发越多，盛花期时则枝片越丰满漂亮。
- 7~8 月蛴螬可能严重危害菊株，盆中可用辛硫磷乳油 1000~2000 倍液重点浇灌。

8 月

● 8 月中旬做一次重点整形修剪，去掉过长过密的枝条；用铝丝对个别枝条做一次整形归位，达到疏密有致；修剪出有层次感的枝片。枝片修剪造型一定要在 8 月中下旬完成。

● 8 月，盆内盆外野草生长旺盛，须及时拔草。

9 月

● 9 月 10 日白露节气前后，把握天时，进行最后一次平头摘心，把小菊桩子的整体造型固定下来。

● 9 月 10 日是正常花期（11 月 1 日盛开）最后一次平头摘心的时间，当然，小菊品种的盛花期因品种而异，最后一次摘心的时间也应根据不同品种自己的盛花期灵活掌握。一般距离展出评比 50~60 天进行最后一次摘心。

● 9 月天气渐凉，追肥应撤掉氮肥，增加磷钾肥；每 15 天可追加 1000~2000 倍磷酸二氢钾水溶液一次。

10 月

- 10 月初，注意观察参展小菊的花蕾状态，花蕾开始透色则可以赶上正常展览的花期（11 月 1 日盛开）；如果小菊的花蕾刚刚冒出，甚至还未现蕾，应将它们放入温室加温，以便赶上正常展览的花期（11 月 1 日盛开）。

- 参展小菊的花蕾出现后，用 200~250 倍 B_9 水溶液喷抹花柄，10 天喷 1 次，喷 2~3 次。方法是从侧面喷打花柄，适当用手指揉搓，以便于花柄吸收，控制花柄生长过长，此法可使枝片花型紧凑，增加观赏价值。

- 10 月中下旬小菊花蕾透色、初绽，应换上精致的盆景展盆，为展出观赏做准备。

- 10 月下旬，按传统配方配制菊花培养土（腐叶土），混合好培养土后充分晾晒，然后放入积肥坑内，以充分发酵腐熟的麻渣、豆饼水浇透，泼洒适量杀虫剂（辛硫磷乳油 1000~2000 倍液）后，用泥土封严，来年使用效果最好。

- 10 月初至小菊桩子换上精致参展盆盎止，应根据小菊长势酌情追肥，每 7 天或 15 天追加 1000~2000 倍磷酸二氢钾水溶液一次。

11 月

● 11 月 1~20 日小菊盆景作品参加菊花展览，一般放置在室内展台展示。

● 11 月中上旬，小菊盆景桩子搬入温室，温度保持在 5~15℃，通风向阳。

● 小菊盆景撤展后应及时从精致参展盆盎中取出，剪除过长和腐烂的根及干枝残花，用砂壤营养土栽培在瓦盆中。

● 换盆种植时最要注意的是保根复壮，随时剔除脚芽，只留枝杈上的萌芽。

● 11 月初即可选优良小菊老桩根茎部长势茁壮的脚芽进行扦插繁殖。

12 月

● 继续选优良小菊老桩根茎部长势茁壮的脚芽进行扦插繁殖。

● 11 月扦插的脚芽，叶芽开始萌动，此时即已生根，说明扦插成功，可分盆栽培养护。

● 小菊老桩应随时剔除脚芽，只留枝杈上的萌芽。

东味 小菊老桩盆景

第十章 陈秀中主持小菊盆景科研结题信息

科研课题"京味小菊老桩盆景研究"
通过专家验收并获奖

　　2010 年 10 月 30 日北京市公园管理中心组织专家对北京市园林学校承担的"京味小菊老桩盆景研究"课题进行了验收。专家组听取了课题汇报，察看了试验现场，并进行了相关审议和质询，经讨论形成意见如下：

　　1. 该课题对北京小菊盆景品种选育、越冬养护及快速成型栽培技术等方面进行了全面的研究，筛选出 15 个适宜京味小菊盆景的新优品种，基本摸清了小菊主干多年生成活机理，初步建立了适宜制作小菊盆景的品种评价标准。

　　2. 该研究将小菊盆景制作技法应用于盆景教学，对园林盆景教学具有很好的实践指导意义。

▼ 图 10-1

图 10-1

　　陈秀中与北京菊艺大师季玉山先生出席第十届中国菊花展览会及第二届中国菊花国际学术研讨会（开封）

▲ 图 10-2

▲ 图 10-3

图 10-2、图 10-3

2010 年 10 月 30 日北京市公园管理中心组织菊花专家对北京市园林学校承担的"京味小菊老桩盆景研究"课题进行结题验收

3. 该课题提出的小菊盆景品种评价标准对同类研究具有参考价值。对小菊主干多年生成活机理的研究在同类研究中具有明显的创新性。

4. 该课题技术路线合理、数据可靠、结论正确，完成了合同规定的指标，同意通过课题验收。

▲ 图 10-4

图 10-4

陈秀中在课题鉴定会上汇报"京味小菊老桩盆景研究"课题科研工作

▲ 图 10-5　　　　　　　　　　　　　　　　　　　　　　　　　　　▲ 图 10-6

图 10-5、图 10-6

专家组考察京味小菊老桩品种展示现场

专家组建议巩固和完善研究成果，扩大在教学及科普中的应用。

"京味小菊老桩盆景研究"课题组由我校专业科教师陈秀中、杨艳、齐静、金燕组成，课题组负责人是陈秀中老师。经过三年的艰辛劳动，终于出色完成了合同规定的科研指标，受到专家组的高度评价并同意通过课题验收。

课题组三年来还通过对京味小菊老桩盆景作品进行精心的文化包装，参加了第九届中国菊花展览，布置北京小菊老桩盆景作品展台，荣获中国菊花展览（第九届）一金二银三铜的优异成绩；2008 年参加第 29 届北京市菊花展览，课题组制作了 3 个北京小菊老桩盆景作品，荣获一个创新奖、两个二等奖，受到同行及菊花爱好者的关注与好评；2010 年本科研课题组的研究成果：一组微型京味小菊老桩盆景作品被北京花协选中参加 11 月的台湾国际花展；课题组精心布置的校内小菊盆景展示，受到专家组的关注与好评；课题组制作的小菊老桩盆景还参加了第二届北京菊花文化节展览（北海公园展区），荣获 5 个二等奖，向社会展示本科研课题组的研究成果和京味小菊老桩盆景迷人的艺术风采，为把北京小菊老桩盆景这支中国菊花艺术的奇葩打造成中国传统名花的特色品种，做出了不懈的努力。

图 10-7

专家组考察京味小菊老桩盆景作品展示现场

图 10-8

课题组创作的京味小菊老桩盆景作品《菊花祝寿图》

3 年的辛苦劳动与辛勤钻研终于换来了可喜的成果与回报：2010 年 12 月 7 日北京市公园管理中心组织 18 位园林专家对结题完成的 20 项北京市公园管理中心科研课题进行了评审，陈秀中也在评审会上做了 10 分钟科研课题陈述汇报，效果很好。"京味小菊老桩盆景研究"课题被评审为 2010 年度北京市公园管理中心科技进步二等奖，获得了与会专家和北京市公园管理中心领导的好评。

图 10-9

课题组创作的京味小菊老桩盆景作品《菊林逸事》

图 10-10

课题组创作的京味小菊老桩盆景作品《寿比南山》

图 10-11

课题组创作的京味小菊老桩盆景作品《安居乐业》

参考文献

[1] 陈俊愉 . 中国菊花过去和今后对世界的贡献 . 中国园林，2005，(9)：73~75.

[2] 张树林 . 中国菊花研究进展 . 北京：中国菊花研究会论文集，2001，1~8.

[3] 戴思兰 . 中国菊花与世界园艺 . 北京：中国菊花研究会论文集，2006，18~23.

[4] 王静等 . 北京栽培菊花的历史 . 北京：中国计量出版社，1999，78~79.

[5] 陈秀中 . 不懈探索　再创辉煌——北京小菊盆景艺术特色发展初探 . 2007 中国（中山小榄）
       国际菊花研讨会论文集，2007，115~119.

[6] 陈秀中 . 立足北京乡土资源，探索创新发展之路——大型山水壁挂式小菊盆景《陶渊明笔意》
       创作手记 . 北京园林，2009，(3)：53~56.

[7] 张树林、韦金笙等 . 中国菊花 . 上海：上海科学技术出版社，2006.

[8] 彭春生、于锡昭等 . 北京赏石与盆景 . 北京：中国林业出版社，2000.

[9] 陈秀中、于锡昭等 . 北京盆景 . 上海：上海科学技术出版社，2008.

[10] 刘展 . 小菊盆景提根法的栽培养护 . 北京：中国菊花研究会论文集，2006，345~348.

[11] 王平 . 盆景艺菊的制作 . 北京：中国菊花研究会论文集，2001，182~184.

[12] 欧丽霞 . 菊艺盆景的制作与栽培技术 . 北京：中国菊花研究会论文集，2001，185~187.

[13] 赵凤兰 . 艺菊盆景栽培与造型 . 北京：中国菊花研究会论文集，2001，188~198.

[14] 王然 . 盆景菊的快速成型技术 . 北京：中国菊花研究会论文集，1996，165.

[15] 中岛為次 . 小菊盆栽百态 . 东京：加岛书店，1960.

[16]　全日本菊花联盟 . 图解菊作初步 . 静冈县 : 主妇之友出版社，1983.

[17]　段东泰 . 菊（百花盆栽图说丛书）. 北京 : 中国林业出版社，2004.

[18]　陈秀中 . 全力打造北京传统菊花文化的特色精品——京味小菊老桩盆景艺术特色发展再探 .

　　　　2010 中国（开封）第二届国际菊花研讨会论文集，2010，168~173.

[19]　陈秀中 . 京味小菊老桩盆景研究结题报告 . 北京 : 北京市公园管理中心科技项目，2010.

后 记

　　小菊盆景最大的优势是繁殖快、成本低、生长周期短，这就特别适合用在学校的盆景教学实训上。将小菊盆景制作技法应用于盆景教学，培养了学生们对小菊盆景的兴趣爱好，最重要的是学生们能在半年多的小菊盆景造型、养护、参展的全过程之中，学习、体会、掌握多种盆景造型技艺以及菊花栽培养护技能，特别有成就感。

　　小菊盆景具有擅长于传达文化意蕴的作用，通过京味小菊老桩盆景的研究，可以主动积极地向全社会宣传、推荐最具民族文化特质的中华传统名花菊花的深厚历史文化底蕴，全力打造北京传统菊花文化的特色精品。我国自古以来重阳节就有登高、插茱萸、赏菊、咏菊、喝菊花酒、饮菊花茶、簪菊花等风俗，唐代孟浩然《过故人庄》"待到重阳日，还来就菊花"等大量重阳赏菊的诗篇流传至今。此外，因为"九"在个位数中最大，九又跟"长久"谐音，所以重阳节还含有恭祝健康长寿、尊老爱老的含义，我国在 1989 年将重阳节定为老人节、敬老节。当今我国已经进入了老龄化社会，在重阳节将已经筛选定型的重阳节开放的小型京味小菊老桩盆景新优品种打造成重阳节文化礼品特色花卉送给老人，既表达了一片孝心，也给他们一份精神寄托，同时也传承了中华传统名花菊花的深厚历史文化底蕴。

　　本书出版得益于科研课题的圆满完成。首先要感谢于锡昭大师的全力支持，还有北京市公园管理中心科技处的立项资助。2012 年从春季到秋季我在天坛公园菊花班又培养了几十株京味小菊盆景，以验证本书的科研成果，在这个小菊盆景完整的生长季中要感谢天坛菊花班尹佳鹏菊艺师的点拨与帮助。在本书完稿之后又要特别感谢中国林业出版社刘先银编审的热心帮助，使本书能赶在 2013 年秋季第十一届中国菊花展览在京开幕之际出版问世。

　　深入挖掘最具民族文化特质的中华传统名花菊花的深厚历史文化底蕴，将京味小菊老桩盆景这支中国菊花艺术的奇葩打造成中国传统节日重阳节的特色文化礼品花卉，为中国菊花大发展摸索出一条文化搭台、科研创新、产业受益的可持续发展之路！这是我想做的一件事，本书的写作出版应该算作是我力所能及的一种努力吧。

陈寒冰

2013 年 7 月于北京潘家园